1 4年生の復習(1)

●復習のめやす
4年生の学力チェックテストなどでしっかり復習しよう！
0点 80点 100点

合計得点 ／100点

1 次の数を数字で書きましょう。〔1問　4点〕

① 三百十八億四千五百万七千　(　　　　)

② 六兆八千二百四十億千四百五十万　(　　　　)

2 次の数を四捨五入して，一万の位までのがい数にしましょう。〔1問　5点〕

① 365200　(　　　　)

② 61740　(　　　　)

3 次のわり算をしましょう。(わり切れないときは，商を整数で求め，あまりを出しましょう。)〔1問　4点〕

① 34)306

② 35)805

③ 47)994

4 次の計算をしましょう。〔1問　4点〕

① $2.6+3.72$

② $4.05+0.78$

③ $3.42-1.39$

④ $5.2-3.08$

5 次の帯分数は仮分数に，仮分数は帯分数か整数になおしましょう。〔1問　5点〕

① $1\frac{3}{5}$

② $\frac{17}{6}$

③ $\frac{27}{9}$

6 次の問題に答えましょう。〔1問　5点〕

① たてが8m，横が6mの長方形の面積は何m^2ですか。

式

答え（　　　　）

② 1辺が7cmの正方形の面積は何cm^2ですか。

式

答え（　　　　）

7 右の図は，2まいの三角じょうぎを組み合わせたものです。㋐と㋑の角度はそれぞれ何度ですか。〔1つ　4点〕

㋐（　　　）㋑（　　　）

8 下の㋐～㋔の四角形について，次の問題にあてはまるものを全部記号で答えましょう。〔1問全部できて　5点〕

㋐ 正方形　㋑ 長方形　㋒ 台形　㋓ 平行四辺形　㋔ ひし形

① 向かい合った2組の辺の長さがそれぞれ等しい四角形はどれですか。（　　　　）

② 4つの辺の長さがどれも等しい四角形はどれですか。（　　　　）

9 80まいの色紙を，6人で同じ数ずつ分けると，1人分は何まいになりますか。また，何まいあまりますか。〔5点〕

式

答え（　　　　）

10 画用紙1まいから，カードを24まいつくることができます。200まいのカードをつくるには，画用紙は何まいいりますか。〔6点〕

式

答え（　　　　）

2 4年生の復習(2)

完成目標時間 30分

合計得点　／100点

1 次の数は，四捨五入して，上から2けたのがい数にしたものです。もとの数のはんいは，いくつ以上いくつ未満ですか。〔全部できて　4点〕

2500　(　　　　)以上(　　　　)未満

2 次の計算をしましょう。〔1問　4点〕

① $18+7\times6$　② $32-72\div6$

③ $14\times(33-18)$　④ $(65-17)\div8$

3 次の計算をしましょう。〔1問　4点〕

① 0.45×7　② 18.3×6　③ 3.15×32

4 次の計算をわり切れるまでしましょう。〔1問　4点〕

① $2.6\div4$　② $27.6\div12$　③ $8.5\div25$

5 次の計算をしましょう。〔1問　4点〕

① $\frac{3}{7}+1\frac{5}{7}$　② $2\frac{4}{9}+1\frac{7}{9}$

③ $3-1\frac{3}{4}$　④ $4\frac{1}{7}-2\frac{3}{7}$

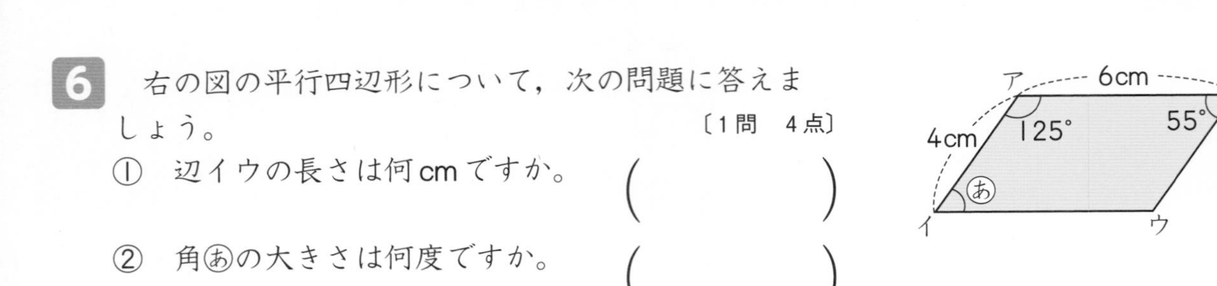

6 右の図の平行四辺形について，次の問題に答えましょう。 〔1問　4点〕

① 辺イウの長さは何cmですか。 (　　　　)

② 角㋐の大きさは何度ですか。 (　　　　)

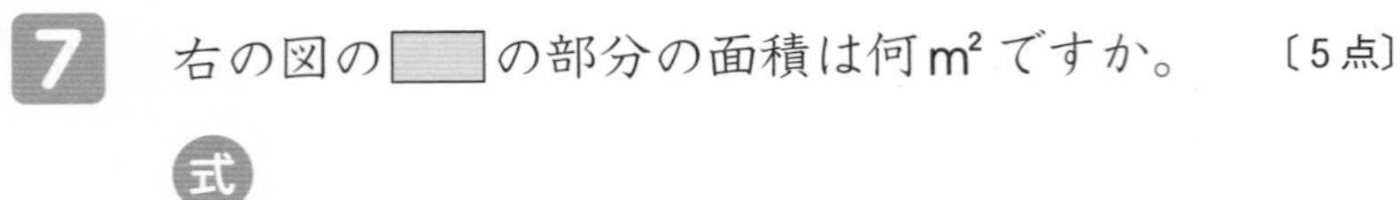

7 右の図の▭の部分の面積は何m^2ですか。 〔5点〕

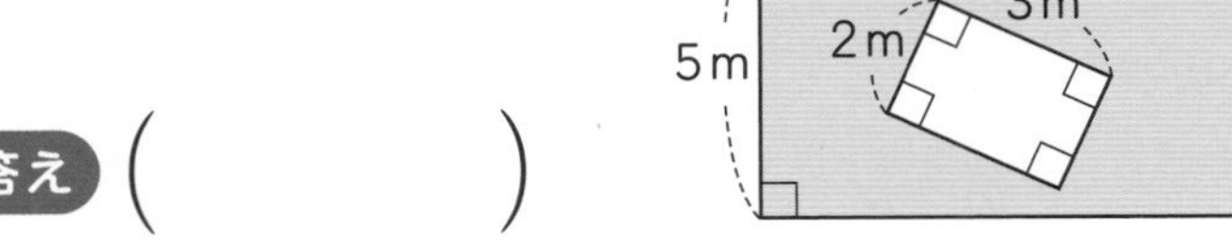

式

答え (　　　　)

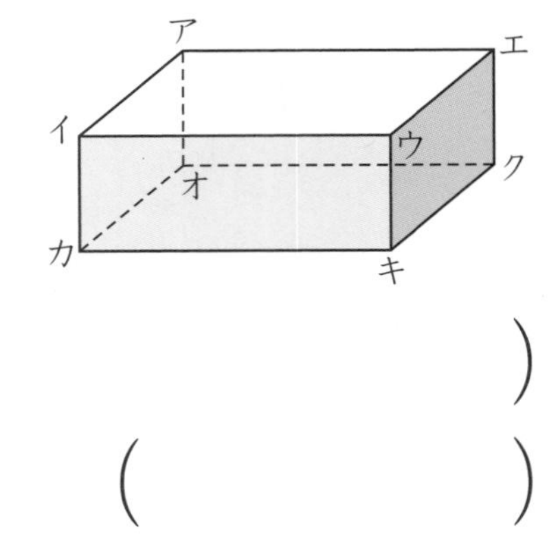

8 右の図の直方体について，次の問題に答えましょう。 〔1問全部できて　4点〕

① 辺アオに平行な辺はどれですか。全部書きましょう。 (　　　　)

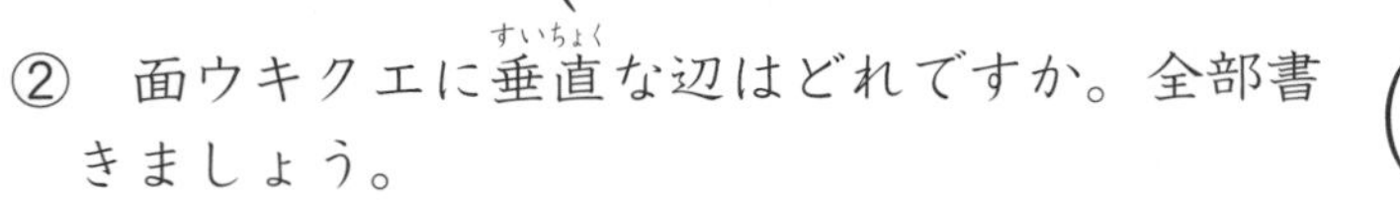

② 面ウキクエに垂直（すいちょく）な辺はどれですか。全部書きましょう。 (　　　　)

③ 面ウキクエに平行な面はどれですか。 (　　　　)

9 4.8mのひもを5人で同じ長さずつに分けます。1人分のひもの長さは何mになりますか。 〔5点〕

式

答え (　　　　)

10 畑を，きのうは$1\frac{4}{5}$a，きょうは$2\frac{2}{5}$aたがやしました。たがやした広さはきのうときょうでは，どちらが何a広いでしょうか。 〔5点〕

式

答え (　　　　)

11 そうたさんは，1本60円のえん筆を7本買って500円出しました。おつりは何円ですか。1つの式に表して，答えを求めましょう。 〔5点〕

式

答え (　　　　)

3 基本テスト 整数と小数

完成目標時間 15分

基本の問題のチェックだよ。
できなかった問題は，しっかり学習してから
完成テストをやろう！

合計得点 ／100点

関連ドリル ●数・量・図形 P.7〜12

〈整数のしくみ〉

1 3456の数のしくみを調べます。次の問題に答えましょう。〔1問全部できて 6点〕

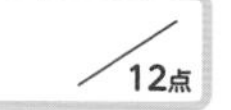
／12点

① 次の□にあてはまる数を書きましょう。

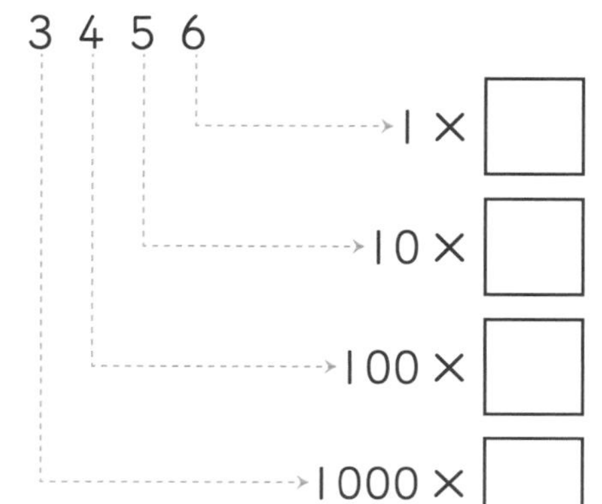

② ①を下のように表します。□にあてはまる数を書きましょう。

3456＝1000×□＋100×□＋10×□＋1×□

〈小数のしくみ〉

2 24.135の数のしくみを調べます。次の問題に答えましょう。〔1問全部できて 8点〕

／16点

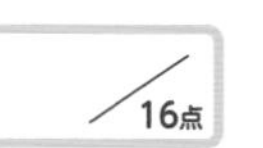

① 次の□にあてはまる数を書きましょう。

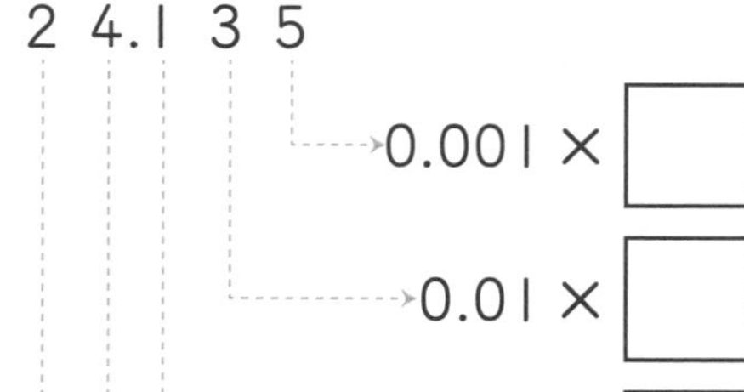

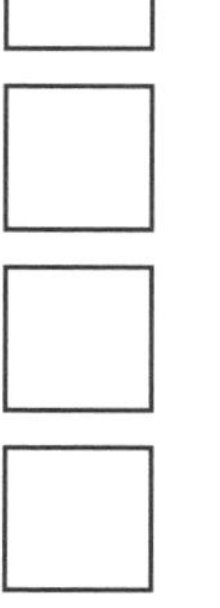

② ①を下のように表します。□にあてはまる数を書きましょう。

24.135＝10×□＋1×□＋0.1×□＋0.01×□＋0.001×□

〈小数のしくみ〉

3 次の数を書きましょう。

〔1問　4点〕

① 0.001の10倍　(　　　)

② 0.01の10倍　(　　　)

③ 0.1の10倍　(　　　)

④ 1の$\frac{1}{10}$　(　　　)

⑤ 0.1の$\frac{1}{10}$　(　　　)

⑥ 0.01の$\frac{1}{10}$　(　　　)

／24点

ぜんぶできたら

数・量・図形 9・10ページ

〈10倍，100倍した数〉

4 2.135を10倍した数，100倍した数について，次の問題に答えましょう。

〔1問全部できて　6点〕

	2.	1	3	5	
(10倍)					…Ⓐ
(100倍)					…Ⓘ

① 2.135を10倍した数をⒶの□に書きましょう。

② 2.135を10倍すると，小数点の位置は，もとの数の小数点の位置から右と左のどちらへ何けたうつりますか。

(　　　)へ(　　　)けたうつる。

③ 2.135を100倍した数をⒾの□に書きましょう。

④ 2.135を100倍すると，小数点の位置は，もとの小数点の位置から右と左のどちらへ何けたうつりますか。　(　　　)へ(　　　)けたうつる。

／24点

ぜんぶできたら

数・量・図形 11・12ページ

〈$\frac{1}{10}$，$\frac{1}{100}$にした数〉

5 423.6を$\frac{1}{10}$にした数，$\frac{1}{100}$にした数について，次の問題に答えましょう。

〔1問全部できて　6点〕

	4	2	3.	6	
($\frac{1}{10}$)					…Ⓐ
($\frac{1}{100}$)					…Ⓘ

① 423.6を$\frac{1}{10}$にした数をⒶの□に書きましょう。

② 423.6を$\frac{1}{10}$にすると，小数点の位置はもとの数の小数点の位置から右と左のどちらへ何けたうつりますか。

(　　　)へ(　　　)けたうつる。

③ 423.6を$\frac{1}{100}$にした数をⒾの□に書きましょう。

④ 423.6を$\frac{1}{100}$にすると，小数点の位置は，もとの小数点の位置から右と左のどちらへ何けたうつりますか。　(　　　)へ(　　　)けたうつる。

／24点

ぜんぶできたら

数・量・図形 11・12ページ

4 完成テスト

完成目標時間 25分

整数と小数

●復習のめやす
基本テスト・関連ドリルなどでしっかり復習しよう！
0点　80点 合格　100点

合計得点　／100点

関連ドリル　●数・量・図形　P.7～12

1 次の□にあてはまる数を書きましょう。　〔1問全部できて　3点〕

① $2.461 = 1 \times \square + 0.1 \times \square + 0.01 \times \square + 0.001 \times \square$

② $43.67 = 10 \times \square + 1 \times \square + 0.1 \times \square + 0.01 \times \square$

③ $307.8 = 100 \times \square + 10 \times \square + 1 \times \square + 0.1 \times \square$

2 次の数を求めましょう。　〔1問　3点〕

① 0.3の10倍　(　　　　)　② 46.32の10倍　(　　　　)

③ 0.32の100倍　(　　　　)　④ 16.03の1000倍　(　　　　)

⑤ 48.75の$\frac{1}{10}$　(　　　　)　⑥ 32の$\frac{1}{10}$　(　　　　)

⑦ 230の$\frac{1}{100}$　(　　　　)　⑧ 680.8の$\frac{1}{1000}$　(　　　　)

3 右の数は左の数をそれぞれ何倍した数ですか，または何分の一にした数ですか。　〔1問　3点〕

① 32.8 → 328　(　　　　)　② 5.362 → 536.2　(　　　　)

③ 23.8 → 2.38　(　　　　)　④ 456 → 4.56　(　　　　)

4 326.5の10倍，100倍，$\frac{1}{10}$，$\frac{1}{100}$の数をそれぞれ求めましょう。　〔1つ　2点〕

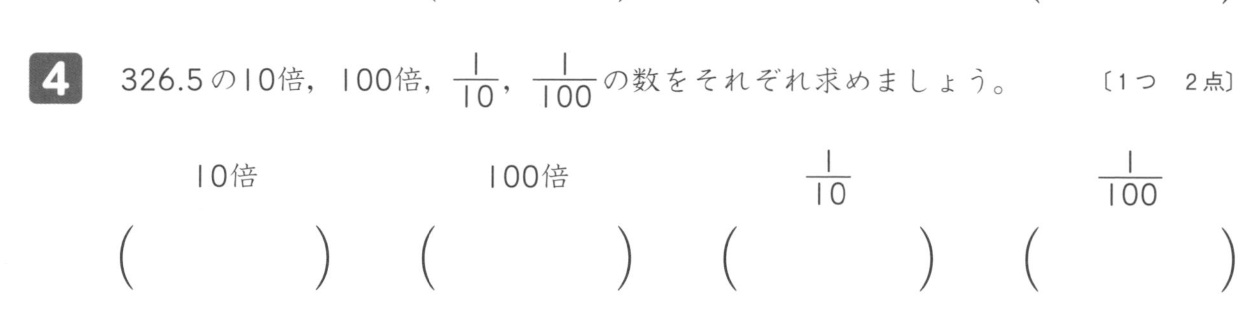

5 次の数を求めましょう。 〔1問　3点〕

① 0.01を37集めた数 (　　　　)

② 0.001を145集めた数 (　　　　)

③ 10を4つと，1を7つと，0.1を2つあわせた数 (　　　　)

④ 0.1を6つと，0.01を1つと，0.001を9つあわせた数 (　　　　)

6 1，3，5，7の4つの数字を1回ずつと，小数点を使って小数をつくります。
〔①②　3点，③　5点〕

① いちばん小さい小数を書きましょう。 (　　　　)

② いちばん大きい小数を書きましょう。 (　　　　)

③ いちばん大きい小数といちばん小さい小数との差を求めましょう。

式

答え (　　　　)

7 次の計算をしましょう。 〔1問　3点〕

① 2.83×10

② 5.16×100

③ 10.4×100

④ 0.922×1000

⑤ $3.14 \div 10$

⑥ $27.5 \div 100$

⑦ $56.2 \div 100$

⑧ $81.2 \div 1000$

5 基本テスト① 小数のかけ算

完成 目標時間 20分

基本の問題のチェックだよ。
できなかった問題は，しっかり学習してから
完成テストをやろう！

合計得点 ／100点

関連ドリル ●小数 P.21～28

〈小数をかける計算〉

1 300×2.4 を計算します。次の問題に答えましょう。〔1問　6点〕 ／18点

300×2.4＝□

① 300×2.4 の積は，300×24 の積をいくつでわると求められますか。

（　　　　）

② 300×24 の積はいくつですか。

（　　　　）

③ 300×2.4 の積を左の□に書きましょう。

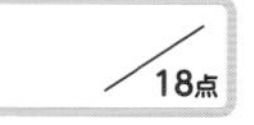

〈小数をかける計算〉

2 1.4×0.3 を計算します。次の問題に答えましょう。〔1問　6点〕 ／18点

1.4×0.3＝□

① 1.4×0.3 の積は，14×3 の積をいくつでわると求められますか。

（　　　　）

② 14×3 の積はいくつですか。

（　　　　）

③ 1.4×0.3 の積を左の□に書きましょう。

〈整数×小数の筆算〉

3 18×0.3 を筆算でします。次の問題に答えましょう。〔1問　6点〕 ／12点

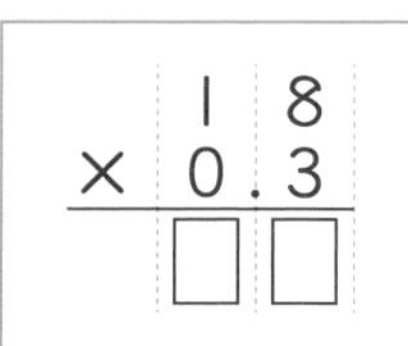

① 小数点がないものとして，18×3 の積を□に書きましょう。

② 答えの小数点を正しいところにうちましょう。

〈整数×小数の筆算〉

4 16×2.3 を筆算でします。次の問題に答えましょう。〔1問全部できて　8点〕

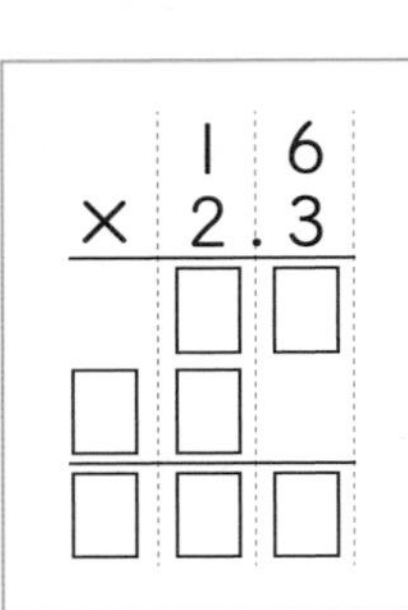

① 小数点がないものとして，16×23 の積を左の□に書きましょう。

② 答えの小数点を正しいところにうちましょう。

〈小数×小数の筆算〉

5 3.6×0.4 を筆算でします。次の問題に答えましょう。〔1問　6点〕

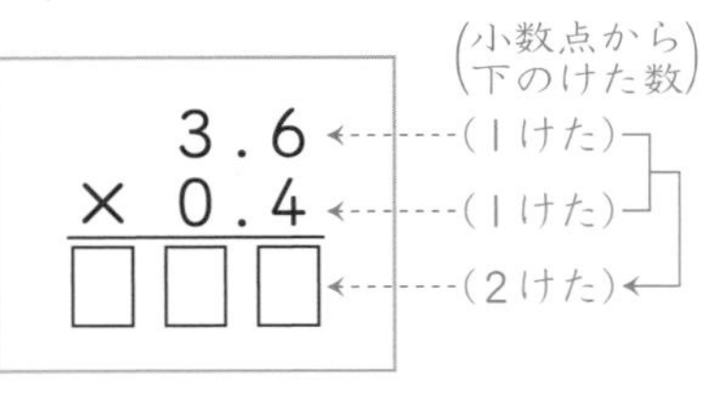

① 小数点がないものとして，36×4 の積を左の□に書きましょう。

② 〈かけられる数〉と〈かける数〉の小数点から下のけた数の和は何けたですか。

(　　　　)

③ ②で求めたけた数と等しくなるように，左の積に小数点をうちましょう。

〈小数×小数の筆算〉

6 2.3×1.5 を筆算でします。次の問題に答えましょう。〔1問　6点〕

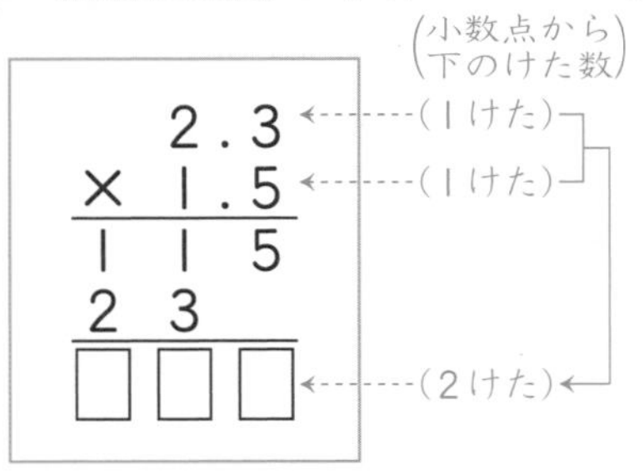

① 小数点がないものとして，23×15 の積を左の□に書きましょう。

② 〈かけられる数〉と〈かける数〉の小数点から下のけた数の和は何けたですか。

(　　　　)

③ ②で求めたけた数と等しくなるように，左の積に小数点をうちましょう。

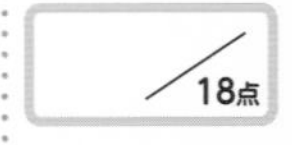

小数のかけ算

基本の問題のチェックだよ。
できなかった問題は，しっかり学習してから
完成テストをやろう！

合計得点　／100点

関連ドリル　●小数 P.29〜34，60

〈小数のかけ算の筆算〉

1 2.43×1.5 を筆算でします。次の問題に答えましょう。〔1問　6点〕

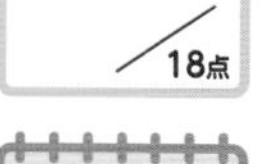

（小数点から下のけた数）

2.4 3 ←（2けた）
× 1.5 ←（1けた）
1 2 1 5
2 4 3
□□□□ ←（3けた）

① 小数点がないものとして，243×15 の積を左の□に書きましょう。

② 〈かけられる数〉と〈かける数〉の小数点から下のけた数の和は何けたですか。

（　　　　）

③ ②で求めたけた数と等しくなるように，左の積に小数点をうちましょう。

ぜんぶできたら

小数 29ページ〜

〈積の最後に 0 がつく場合〉

2 3.24×2.5 を筆算でします。次の問題に答えましょう。〔1問全部できて　6点〕

18点

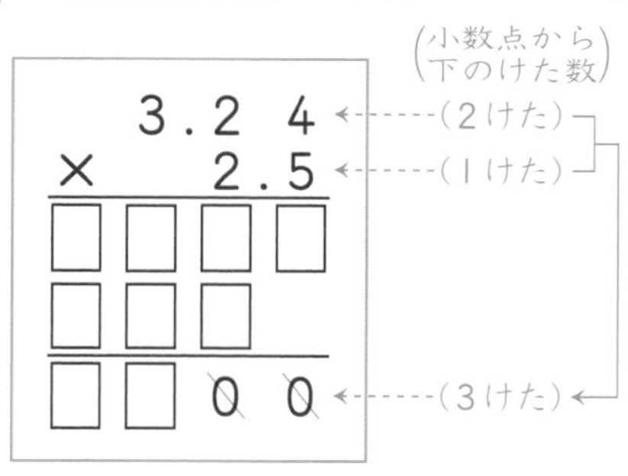

① 小数点がないものとして，324×25 の積を左の□に書きましょう。

② 〈かけられる数〉と〈かける数〉の小数点から下のけた数の和は何けたですか。

（　　　　）

③ ②で求めたけた数と等しくなるように，左の積に小数点をうちましょう。

小数 29ページ〜

〈積に 0 をつけたす場合〉

3 0.16×2.4 を筆算でします。次の問題に答えましょう。〔1問全部できて　6点〕

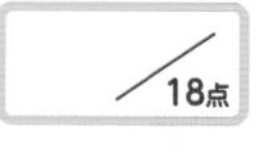

（小数点から下のけた数）

0.1 6 ←（2けた）
× 2.4 ←（1けた）
□□
□□
□□□□ ←（3けた）

① 小数点がないものとして，16×24 の積を左の□に書きましょう。

② 〈かけられる数〉と〈かける数〉の小数点から下のけた数の和は何けたですか。

（　　　　）

③ ②で求めたけた数と等しくなるように，左の積に小数点をうちましょう。

〈積とかけられる数の大小〉

4 積の大きさとかけられる数の大きさをくらべます。次の問題に答えましょう。

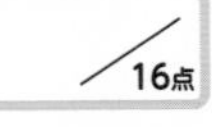

〔1問全部できて　8点〕

㋐　5×1.2 □ 5

㋑　5×1 □ 5

㋒　5×0.8 □ 5

① 左の㋐，㋑，㋒の□にあてはまる等号または不等号を書きましょう。

② 下の（　）の中の正しいほうを○でかこみましょう。

㋐　かける数が1より大きいとき，積はかけられる数より（大きく，小さく）なる。

㋑　かける数が1より小さいとき，積はかけられる数より（大きく，小さく）なる。

〈小数の計算のきまり〉

5 次の□にあてはまる数を書きましょう。

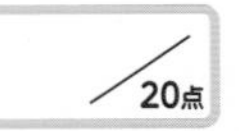

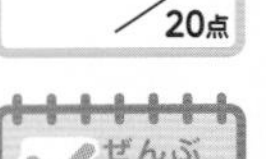

〔1問全部できて　5点〕

① $3.4\times2.7=$ □ $\times3.4$

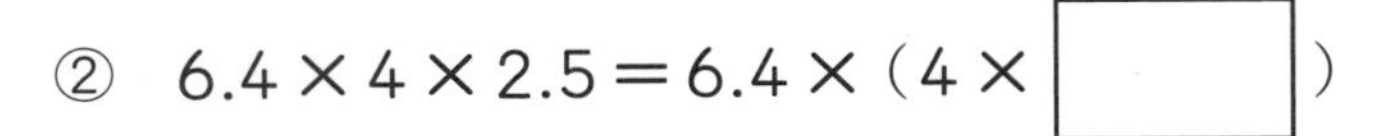

② $6.4\times4\times2.5=6.4\times(4\times$ □ $)$

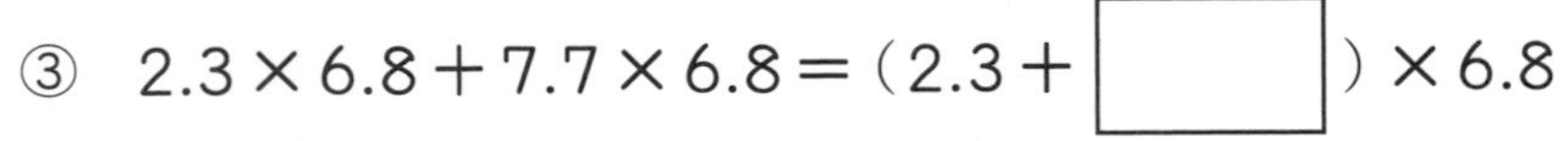

③ $2.3\times6.8+7.7\times6.8=(2.3+$ □ $)\times6.8$

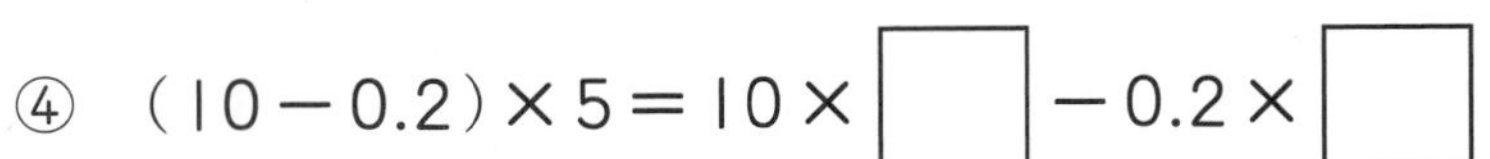

④ $(10-0.2)\times5=10\times$ □ $-0.2\times$ □

〈計算のくふう〉

6 次の□にあてはまる数を書きましょう。

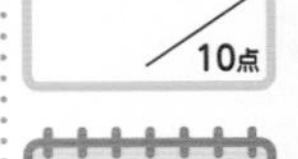

〔1問全部できて　5点〕

① $5.8\times2.5\times4$

$=5.8\times($ □ $\times4)$

$=5.8\times$ □

$=$ □

② 3.5×12

$=3.5\times(10+$ □ $)$

$=3.5\times$ □ $+3.5\times$ □

$=$ □

7 完成テスト

完成目標時間 30分

小数のかけ算

●復習のめやす
基本テスト・関連ドリルなどでしっかり復習しよう！

0点 80点 100点

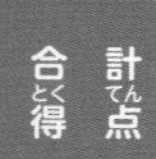

関連ドリル
●小数 P.21～34，60
●文章題 P.21～24

1 次の計算をしましょう。 〔1問 3点〕

① 7×0.4

② 30×0.8

③ 6×0.03

④ 40×0.09

2 次の計算をしましょう。 〔1問 4点〕

① $\begin{array}{r} 24 \\ \times\ 1.8 \\ \hline \end{array}$

② $\begin{array}{r} 45 \\ \times\ 0.37 \\ \hline \end{array}$

③ $\begin{array}{r} 3.4 \\ \times\ 0.7 \\ \hline \end{array}$

④ $\begin{array}{r} 5.3 \\ \times\ 4.5 \\ \hline \end{array}$

⑤ $\begin{array}{r} 7.8 \\ \times\ 8.9 \\ \hline \end{array}$

⑥ $\begin{array}{r} 0.83 \\ \times\ 9.7 \\ \hline \end{array}$

⑦ $\begin{array}{r} 2.56 \\ \times\ 3.8 \\ \hline \end{array}$

⑧ $\begin{array}{r} 4.06 \\ \times\ 0.75 \\ \hline \end{array}$

⑨ $\begin{array}{r} 0.48 \\ \times\ 0.93 \\ \hline \end{array}$

⑩ 8.4×0.99

⑪ 0.65×0.74

3 次の□にあてはまる不等号を書きましょう。 〔1問　3点〕

① 54×0.94 □ 54　　② 2.8×1.01 □ 2.8

4 $48 \times 26 = 1248$ です。これを使って，次の積を求めましょう。 〔1問　3点〕

① 48×2.6 （　　）　② 4.8×2.6 （　　）　③ 0.48×0.26 （　　）

5 くふうして計算しましょう。 〔1問　4点〕

① $3.8 + 7.5 + 0.5$　　② $1.9 \times 1.5 \times 4$

③ $4.6 \times 8 + 3.4 \times 8$　　④ $2.3 \times 7.4 - 1.8 \times 7.4$

6 たてが0.85m，横が2.4mの長方形の形をした花だんがあります。この花だんの面積は何m^2ですか。 〔6点〕

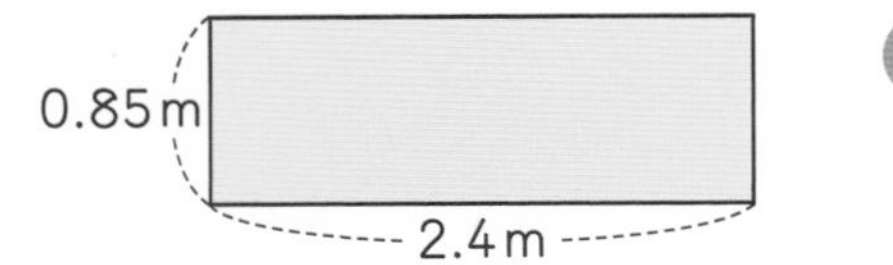

式

答え（　　）

7 赤いリボンが4.5mあります。青いリボンの長さは，赤いリボンの0.8倍あるそうです。青いリボンの長さは何mですか。 〔7点〕

答え（　　）

8 基本テスト

完成目標時間 20分

小数のわり算(1)

基本の問題のチェックだよ。
できなかった問題は，しっかり学習してから
完成テストをやろう！

合計得点 ／100点

関連ドリル ●小数 P.37～50

〈小数でわる計算〉

1 8÷1.6 を計算します。次の問題に答えましょう。〔1問 6点〕

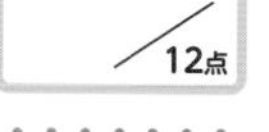

8÷1.6＝□

① 8÷1.6 の商は，わる数を整数になおして，■÷16 の計算で求めることができます。■にあてはまる数はいくつですか。

(　　　　)

② 8÷1.6 の商を左の□に書きましょう。

〈小数でわる計算〉

2 4.8÷1.2 を計算します。次の問題に答えましょう。〔1問 6点〕

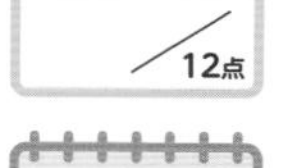

4.8÷1.2＝□

① 4.8÷1.2 の商は，わる数を整数になおして，■÷12 の計算で求めることができます。■にあてはまる数はいくつですか。

(　　　　)

② 4.8÷1.2 の商を左の□に書きましょう。

〈小数でわる計算〉

3 1.5÷0.06 を計算します。次の問題に答えましょう。〔1問 6点〕

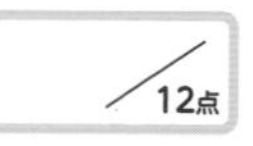

1.5÷0.06＝□

① 1.5÷0.06 の商は，わる数を整数になおして，■÷6 の計算で求めることができます。■にあてはまる数はいくつですか。

(　　　　)

② 1.5÷0.06 の商を左の□に書きましょう。

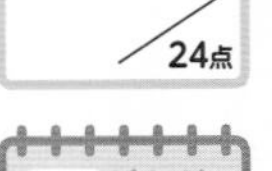

〈小数のわり算の筆算〉

4 14.4÷0.6 を筆算でします。次の問題に答えましょう。 〔1問全部できて 6点〕

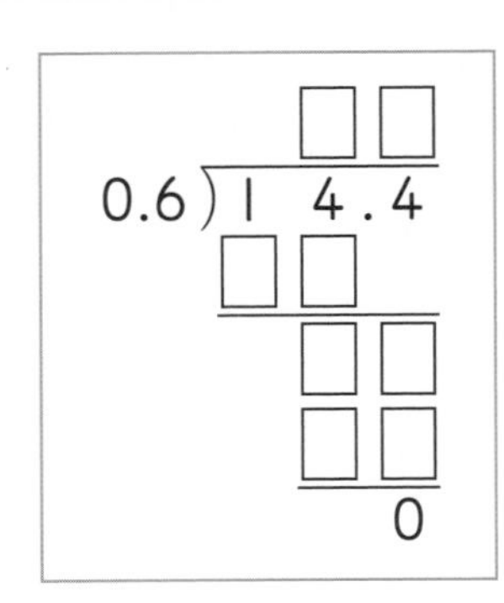

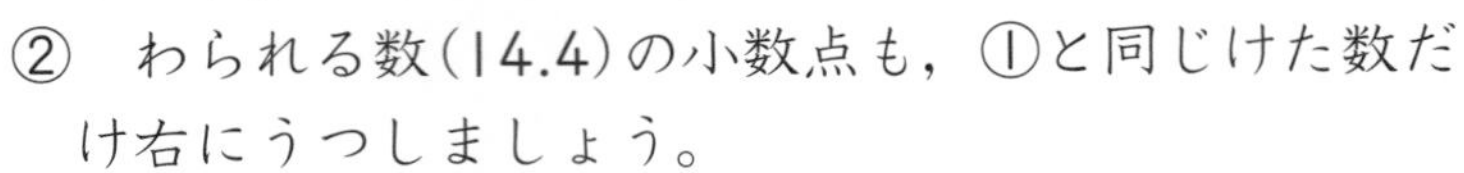

① 14.4÷0.6 のわる数(0.6)を整数になおして計算します。わる数の小数点を右にうつしましょう。

② わられる数(14.4)の小数点も，①と同じけた数だけ右にうつしましょう。

③ 左の□にあてはまる数を書いて計算しましょう。

④ 商の小数点は，わられる数の右にうつした小数点にそろえます。商はいくつになりますか。

( )

〈小数のわり算の筆算〉

5 3.64÷1.4 を筆算でします。次の問題に答えましょう。 〔1問全部できて 6点〕

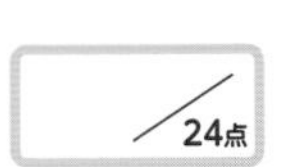

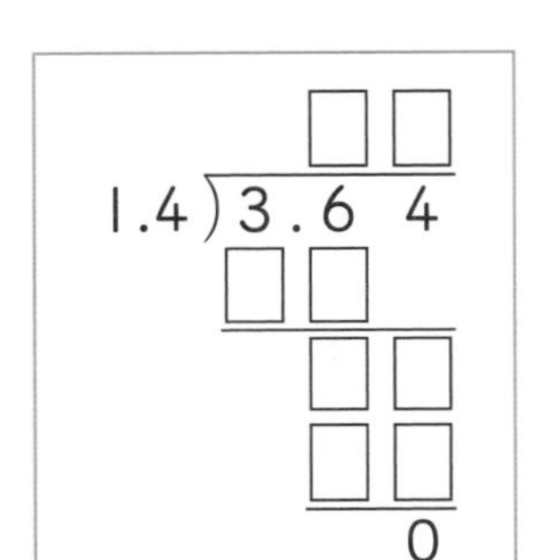

① 3.64÷1.4 のわる数(1.4)を整数になおして計算します。わる数の小数点を右にうつしましょう。

② わられる数(3.64)の小数点も①と同じけた数だけ右にうつしましょう。

③ 左の□にあてはまる数を書いて計算しましょう。

④ 商の小数点は，わられる数の右にうつした小数点にそろえてうちます。商はいくつになりますか。

( )

〈商の一の位に 0 がたつ場合と，わられる数に 0 をつけたす場合〉

6 次の計算の□にあてはまる数を書きましょう。 〔1問全部できて 8点〕

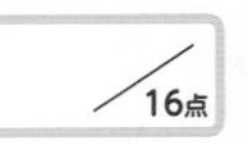

①

2.4)1.68

②

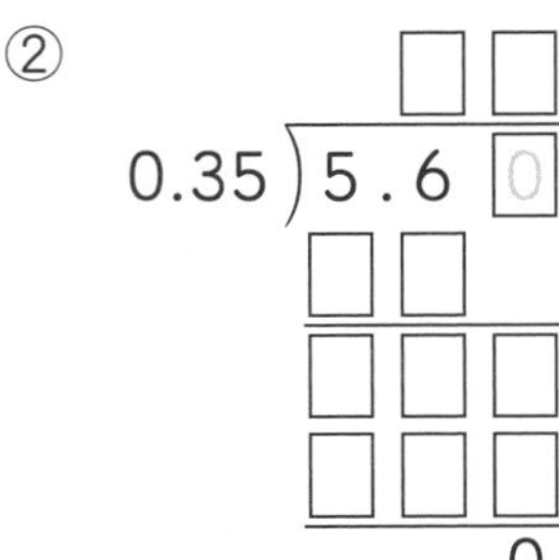

9 完成テスト 完成目標時間 30分

小数のわり算(1)

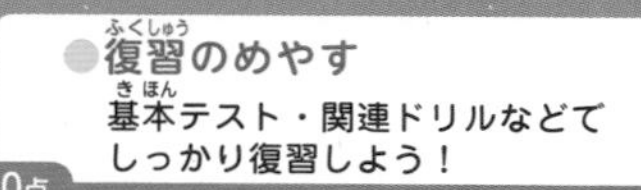

合計得点

関連ドリル ●小数 P.37～50 ●文章題 P.25～28

1 次の計算をしましょう。〔1問 4点〕

① $4 \div 0.8$　　② $24 \div 0.6$

③ $1.8 \div 0.6$　　④ $3.5 \div 0.7$

⑤ $1.6 \div 0.04$　　⑥ $0.12 \div 0.06$

2 次の計算をしましょう。〔1問 5点〕

① $0.4 \overline{)18.8}$　　② $1.5 \overline{)36}$　　③ $1.8 \overline{)4.32}$

④ $2.6 \overline{)23.4}$　　⑤ $7.2 \overline{)4.32}$　　⑥ $0.45 \overline{)25.2}$

3 次の計算をしましょう。 〔1問　5点〕

① 25.2÷0.7　　② 7.68÷2.4

③ 9.5÷0.25　　④ 45.6÷0.24

4 648÷18＝36 です。これを使って，次の商を求めましょう。 〔1問　4点〕

① 64.8÷1.8 (　　　)　② 6.48÷1.8 (　　　)　③ 6.48÷0.18 (　　　)

5 リボンを3.5m買ったら，代金は490円でした。このリボン1mのねだんは何円ですか。 〔7点〕

答え (　　　　)

6 6.75kgの鉄のぼうの長さをはかったら，1.5mありました。この鉄のぼう1mの重さは何kgですか。 〔7点〕

答え (　　　　)

小数のわり算(2)

基本の問題のチェックだよ。
できなかった問題は，しっかり学習してから
完成テストをやろう！

合計得点 /100点

関連ドリル ●小数 P.41～54

〈わり進むわり算〉

1 6÷2.5 をわり切れるまで計算します。次の問題に答えましょう。

/20点

〔1問全部できて　5点〕

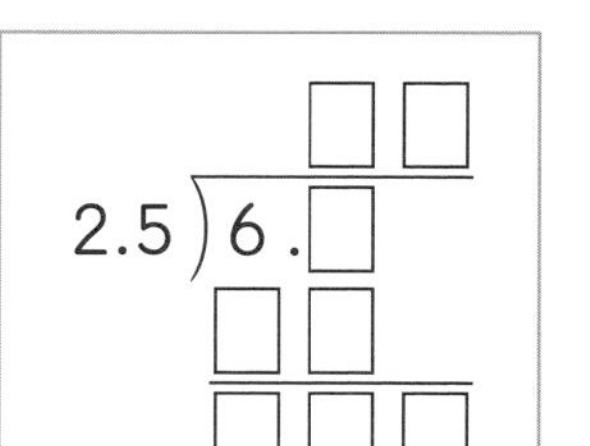

① 6÷2.5 のわる数(2.5)を整数になおして計算します。わる数の小数点を右にうつしましょう。

② わられる数(6)の小数点も①と同じけた数だけ右にうつしましょう。

③ 左の□にあてはまる数を書いて計算しましょう。

④ 商の小数点は，わられる数の右にうつした小数点にそろえてうちます。商はいくつになりますか。

(　　　　)

ぜんぶできたら

小数 41ページ～

〈わり進むわり算〉

2 次の計算の□にあてはまる数を書きましょう。〔1問全部できて　6点〕

/12点

①

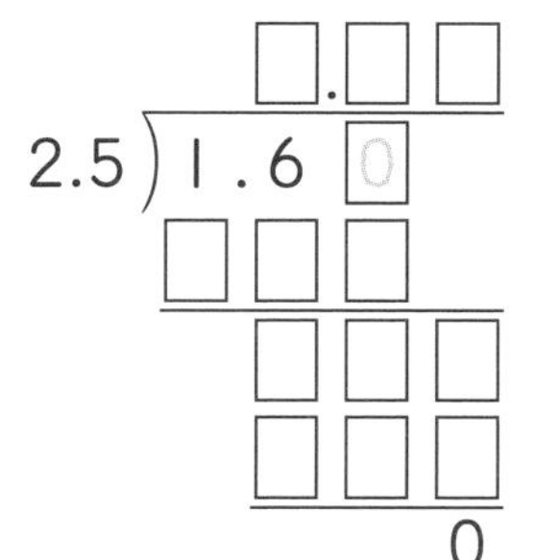

②

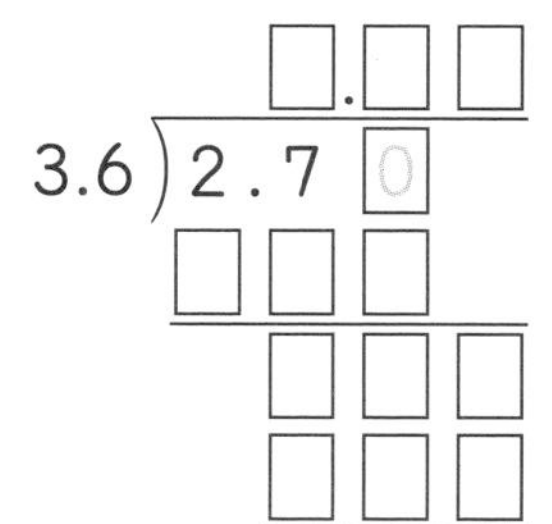

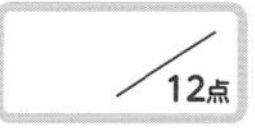

〈あまりの出るわり算〉

3 2.3÷0.7 の商を下のように，一の位まで求めました。次の問題に答えましょう。

/18点

〔1問　6点〕

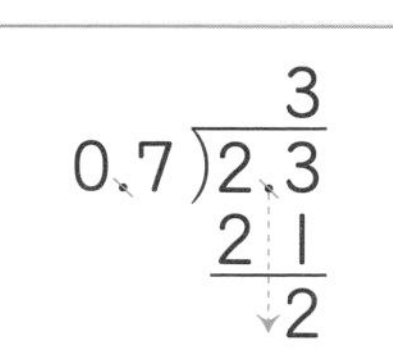

① 左の計算で，あまりの2はどんな数が2つのことですか。(　　　　)

② 2.3÷0.7 の商は3です。あまりはいくつですか。(　　　　)

③ 次の検算(答えのたしかめ)の式の□にあてはまる数を書きましょう。

0.7×3＋□＝2.3

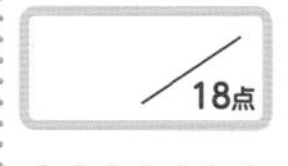

〈あまりの出るわり算〉

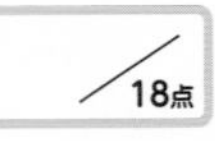

4 $1.78 \div 2.5$ の商を下のように，$\frac{1}{10}$ の位まで求めました。次の問題に答えましょう。

〔1問　6点〕

$$
\begin{array}{r}
0.7 \\
2.5\overline{)1.78} \\
\underline{175} \\
3
\end{array}
$$

① 左の計算で，あまりの3はどんな数が3つのことですか。

(　　　　　)

② $1.78 \div 2.5$ の商は0.7です。あまりはいくつですか。

(　　　　　)

③ 次の検算(けんざん)の式の□にあてはまる数を書きましょう。

$2.5 \times 0.7 + \square = 1.78$

〈商をがい数で求める〉

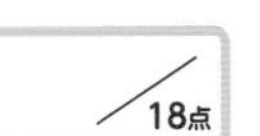

5 $1.6 \div 2.4$ の商を四捨五入(ししゃごにゅう)して，$\frac{1}{10}$ の位までのがい数で求めます。次の問題に答えましょう。

〔1問全部できて　6点〕

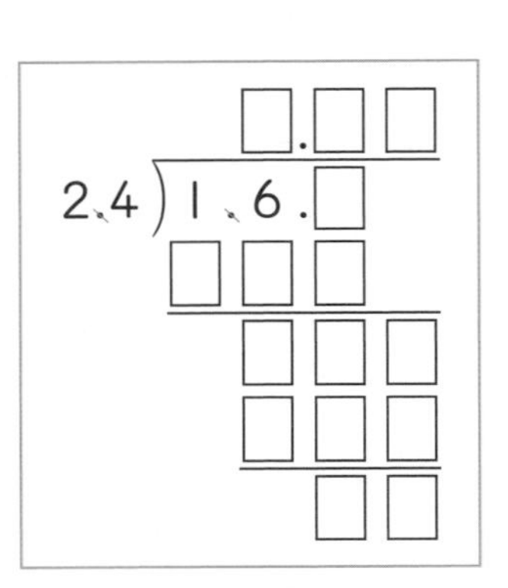

① 商を何の位まで求めて四捨五入しますか。

(　　　　　)

② 左の□にあてはまる数を書きましょう。

③ $1.6 \div 2.4$ の商を，$\frac{1}{10}$ の位までのがい数で求めましょう。

(　　　　　)

〈商とわられる数の大小〉

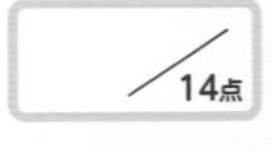

6 商の大きさとわられる数の大きさをくらべます。次の問題に答えましょう。

〔1問全部できて　7点〕

㋐ $6 \div 1.2$	□	6
㋑ $6 \div 1$	□	6
㋒ $6 \div 0.8$	□	6

① ㋐，㋑，㋒の□にあてはまる等号または不等号を書きましょう。

② 下の(　)の中で正しいほうを○でかこみましょう。

㋐ わる数が1より大きいとき，商はわられる数より(大きく，小さく)なる。

㋑ わる数が1より小さいとき，商はわられる数より(大きく，小さく)なる。

小数のわり算(2)

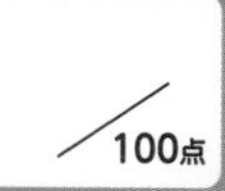

関連ドリル
●小数　P.41～54
●文章題　P.25～34

1 次のわり算をわり切れるまで計算しましょう。〔1問　6点〕

① $1.4\overline{)0.35}$　② $3.5\overline{)78.4}$　③ $3.8\overline{)5.51}$

④ $9 \div 3.75$　⑤ $1.71 \div 3.8$

2 次のわり算の商を$\frac{1}{10}$の位まで求め，あまりも出しましょう。〔1問全部できて　6点〕

① $2.6\overline{)18}$　② $5.6\overline{)12.9}$　③ $0.45\overline{)1.9}$

(商　あまり　)　(商　あまり　)　(商　あまり　)

3 商は四捨五入(ししゃごにゅう)して，$\frac{1}{10}$の位までのがい数で求めましょう。 〔1問　6点〕

① $7.34 \div 2.6$　　② $4.35 \div 0.54$　　③ $6.5 \div 0.72$

(　　　)　　(　　　)　　(　　　)

4 次の□にあてはまる不等号を書きましょう。 〔1問　6点〕

① $12 \div 0.8$ □ 12　　② $12 \div 1.5$ □ 12

5 たてが2.4m，面積が8.4m²の長方形の形をした花だんがあります。この花だんの横の長さは何mですか。 〔6点〕

式

答え(　　　)

2.4m

8.4m²

6 さとうが6.5kgあります。このさとうを1ふくろに0.4kgずつ入れます。0.4kg入りのふくろは何ふくろできますか。また，さとうは何kg残りますか。 〔8点〕

式

答え(　　　)

7 赤いテープが8.6m，青いテープが5.3mあります。青いテープの長さは，赤いテープの長さの約何倍ですか。答えは四捨五入して，$\frac{1}{10}$の位までのがい数で求めましょう。 〔8点〕

式

答え(　　　)

12 基本テスト 倍数と約数

完成目標時間 20分

基本の問題のチェックだよ。
できなかった問題は，しっかり学習してから
完成テストをやろう！

合計得点 ／100点

関連ドリル ●数・量・図形 P.5・6，15～22 ●分数 P.21・22，29～32

〈偶数と奇数〉

1 整数について，次の問題に答えましょう。〔1問 4点〕

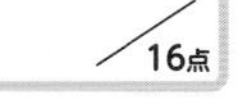

① 2，4，6のように，2でわり切れる数は偶数ですか，奇数ですか。（　　　）

② 3，5，7のように，2でわり切れない数は偶数ですか，奇数ですか。（　　　）

③ 0は偶数ですか，奇数ですか。（　　　）

④ 1は偶数ですか，奇数ですか。（　　　）

〈奇数〉

2 次の□の中の数のうち，奇数はどれですか。（　）に全部書きましょう。〔全部できて 4点〕

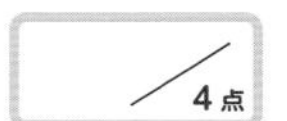

16	27	34	50	89
125	201	358	432	

（　　　）

〈倍数〉

3 3に整数をかけた数について，次の問題に答えましょう。〔1問全部できて 4点〕

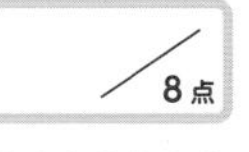

① 3，6，9はそれぞれ3にどんな整数をかけたものですか。（　）にかける数を書きましょう。

3…（　　）　6…（　　）　9…（　　）

② 3に整数をかけてできる数を，3の何といいますか。（3の　　　）

〈公倍数〉

4 3の倍数と4の倍数について，次の問題に答えましょう。〔1問全部できて 6点〕

① 3の倍数を○でかこみました。同じように，4の倍数を○でかこみましょう。

(3の倍数) 0 1 2 ③ 4 5 ⑥ 7 8 ⑨ 10 11 ⑫ 13 14 ⑮ 16 17 ⑱ 19 20 ㉑ 22 23 ㉔ 25

(4の倍数) 0 1 2 3 4 5 6 7 8 9 10 11 12 13 14 15 16 17 18 19 20 21 22 23 24 25

② 3と4に共通な倍数を，上の数直線を見て全部答えましょう。（　　　）

③ 3と4に共通な倍数を，3と4の何といいますか。（3と4の　　　）

〈最小公倍数〉

5 3と4の公倍数について，次の問題に答えましょう。 〔1問　6点〕

/12点

分数 29ページ～

① 3と4の公倍数のうち，いちばん小さい公倍数はいくつですか。（　　　　）

② 3と4の公倍数のうち，いちばん小さい公倍数を3と4の何といいますか。

（3と4の　　　　）

〈約数〉

6 6はどんな整数でわり切れるか調べます。次の問題に答えましょう。

〔1問全部できて　6点〕

/12点

ぜんぶ できたら

数・量・図形 19ページ

① 6はどんな整数でわるとわり切れますか。全部書きましょう。

（　　　　）

② 6をわり切ることのできる整数を，6の何といいますか。

（6の　　　　）

〈公約数〉

7 8の約数と12の約数について，次の問題に答えましょう。

〔1問全部できて　6点〕

/18点

分数 21ページ～

① 8の約数を○でかこみました。同じように，12の約数を○でかこみましょう。

（8の約数）0 ①②3 ④5 6 7 ⑧9 10 11 12 13 14 15

（12の約数）0 1 2 3 4 5 6 7 8 9 10 11 12 13 14 15

② 8と12に共通な約数を，上の数直線を見て全部答えましょう。

（　　　　）

③ 8と12に共通な約数を，8と12の何といいますか。

（8と12の　　　　）

〈最大公約数〉

8 8と12の公約数について，次の問題に答えましょう。 〔1問　6点〕

/12点

ぜんぶ できたら

数・量・図形 20ページ～

① 8と12の公約数のうち，いちばん大きな公約数はいくつですか。（　　　　）

② 8と12の公約数のうち，いちばん大きな公約数を，8と12の何といいますか。

（8と12の　　　　）

13 完成テスト 倍数と約数

完成目標時間 30分

●復習のめやす
基本テスト・関連ドリルなどでしっかり復習しよう！
0点 80点 合格 100点

合計得点 /100点

関連ドリル
●数・量・図形 P.5・6，15〜22
●分数 P.21・22，29〜32
●文章題 P.5〜10

1 次の□の中の数を，偶数と奇数に分けて，（ ）に全部書きましょう。〔（ ）1つ全部できて 4点〕

14	31	53	68	95	102	216	305

偶数（　　　　） 奇数（　　　　）

2 1から50までの整数のうち，9の倍数を全部書きましょう。〔全部できて 5点〕

（　　　　）

3 次の数の約数を全部書きましょう。〔1問全部できて 4点〕

① 7（　　　　） ② 16（　　　　）

4 次の□の中の数のうち，偶数はどれですか。（ ）に全部書きましょう。〔全部できて 4点〕

23	36	74	99	107	300	518	625

（　　　　）

5 次の2つの数の公倍数を，小さいほうから順に3つ書きましょう。〔1問全部できて 5点〕

① 6と9（　　　　） ② 4と8（　　　　）

6 次の2つの数の公約数を全部書きましょう。〔1問全部できて 5点〕

① 12と16（　　　　） ② 24と32（　　　　）

7 次の各組の最小公倍数を求め，□に書きましょう。 〔1問　5点〕

① （4，6）→ □　② （3，9）→ □

③ （3，5）→ □　④ （12，18）→ □

8 次の各組の最大公約数を求め，□に書きましょう。 〔1問　5点〕

① （6，9）→ □　② （6，12）→ □

③ （18，27）→ □　④ （16，24）→ □

9 ご石を下の図のようにならべました。左から12番めのご石は白ですか，黒ですか。 〔5点〕

（　　　）

10 ある駅前から北町行きバスは8分おきに，南町行きバスは6分おきに出発します。午前8時にこれらのバスが同時に出発しました。次にこの駅前から同時に出発するのは，午前何時何分ですか。 〔5点〕

（　　　）

11 たて18cm，横30cmの長方形の紙があります。これを切って，いくつかの同じ大きさの正方形のカードをつくります。紙があまらないように，できるだけ大きな正方形のカードをつくるには1辺を何cmに切ればよいでしょうか。 〔5点〕

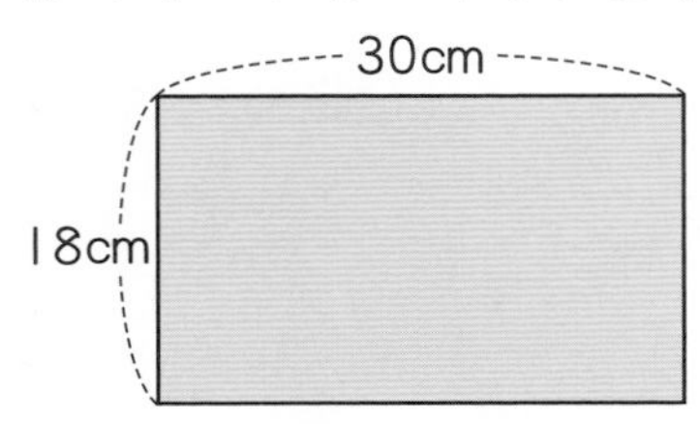

（　　　）

14 基本テスト　分　数

完成目標時間　20分

基本の問題のチェックだよ。
できなかった問題は，しっかり学習してから
完成テストをやろう！

合計得点　／100点

関連ドリル　●数・量・図形　P.23〜30　●分数　P.9〜20

〈大きさの等しい分数〉

1

下のあ，い，うの［　］の大きさは等しくなっています。それぞれの［　］の大きさを表す分数の□にあてはまる数を書きましょう。〔□1つ　3点〕

ぜんぶできたら

数・量・図形 23ページ

①　あ

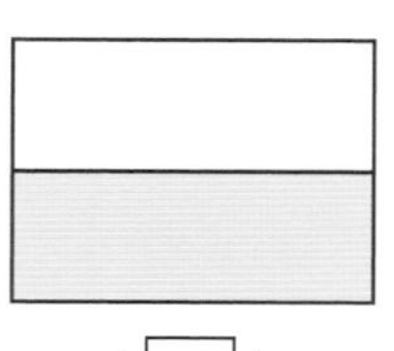

$\left(\frac{\square}{2}\right)$

い

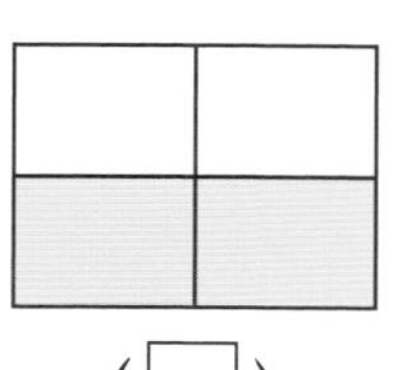

$\left(\frac{\square}{4}\right)$

う

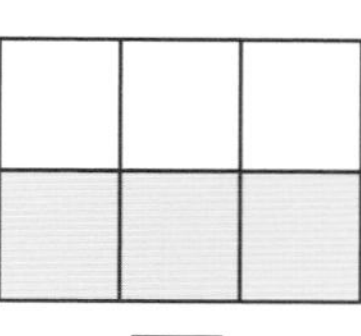

$\left(\frac{\square}{6}\right)$

②　あ

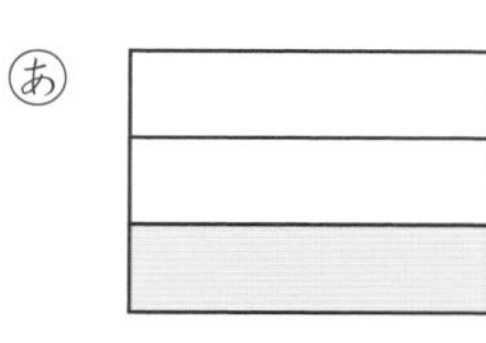

$\left(\frac{\square}{3}\right)$

い

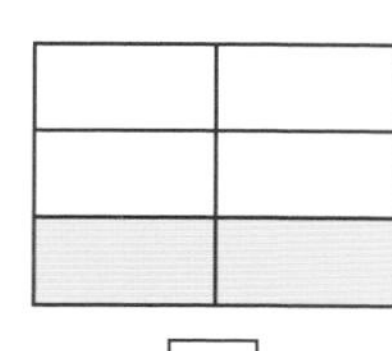

$\left(\frac{\square}{6}\right)$

う

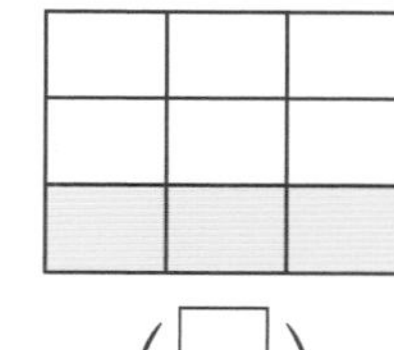

$\left(\frac{\square}{9}\right)$

〈大きさの等しい分数〉

2

同じ大きさを表す分数になるように，□にあてはまる数を書きましょう。〔1問　3点〕

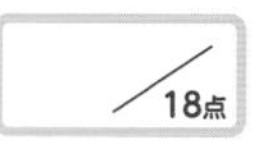

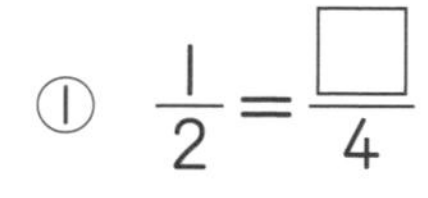

①　$\frac{1}{2}=\frac{\square}{4}$　②　$\frac{1}{3}=\frac{\square}{6}$　③　$\frac{1}{4}=\frac{\square}{8}$

④　$\frac{1}{3}=\frac{\square}{9}$　⑤　$\frac{2}{3}=\frac{\square}{6}$　⑥　$\frac{2}{5}=\frac{\square}{15}$

〈大きさの等しい分数〉

3

同じ大きさを表す分数になるように，□にあてはまる数を書きましょう。〔1問　3点〕

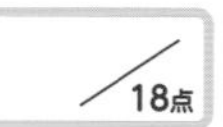

数・量・図形 24ページ

①　$\frac{2}{4}=\frac{\square}{2}$　②　$\frac{2}{8}=\frac{\square}{4}$　③　$\frac{2}{10}=\frac{\square}{5}$

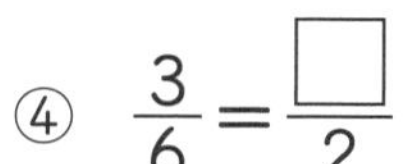

④　$\frac{3}{6}=\frac{\square}{2}$　⑤　$\frac{4}{12}=\frac{\square}{3}$　⑥　$\frac{6}{9}=\frac{\square}{3}$

〈約分〉

4 $\dfrac{6}{18}$を分母の小さいかんたんな分数にします。次の問題に答えましょう。

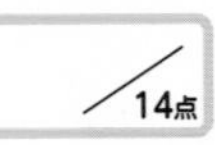

〔1問　7点〕

① 分数の分母と分子を公約数でわって，かんたんな分数にすることを何といいますか。

（　　　　する）

② $\dfrac{6}{18}$をもっともかんたんな分数にしましょう。

$\dfrac{6}{18}$=（　　　　）

$\dfrac{\overset{\square}{\cancel{6}}}{\underset{3}{\cancel{18}}}=\dfrac{\square}{3}$

〈通分〉

5 $\dfrac{3}{4}$と$\dfrac{2}{3}$をそれぞれ分母の等しい分数にします。次の問題に答えましょう。

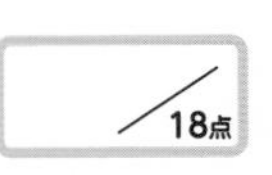

〔1問全部できて　6点〕

① 2つの分数の分母である，4と3の最小公倍数はいくつですか。

（　　　　）

② 最小公倍数を分母とする，2つの分数を書きましょう。

$\dfrac{3}{4}$=（　　　　）　$\dfrac{2}{3}$=（　　　　）

③ 分母のちがう分数を，分母の等しい分数にすることを何といいますか。

（　　　　する）

〈分数の大小〉

6 $\dfrac{2}{3}$と$\dfrac{3}{5}$の大小をくらべます。次の問題に答えましょう。〔1問全部できて　7点〕

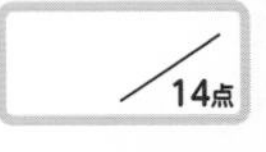

数・量・図形 28 ページ〜

① $\dfrac{2}{3}$と$\dfrac{3}{5}$を分母の等しい分数になおしましょう。

$\dfrac{2}{3}$=（　　　　）　$\dfrac{3}{5}$=（　　　　）

② $\dfrac{2}{3}$と$\dfrac{3}{5}$はどちらが大きいでしょうか。

（　　　　）

分　数

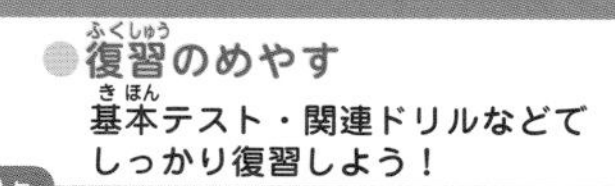

●復習のめやす
基本テスト・関連ドリルなどでしっかり復習しよう！
合格
0点　80点　100点

合計得点　　/100点

関連ドリル
●数・量・図形　P.23～30
●分数　P.9～20

1 次の□にあてはまる数を書きましょう。　〔1問　2点〕

① $\frac{2}{3}=\frac{\square}{6}$

② $\frac{2}{3}=\frac{\square}{9}$

③ $\frac{3}{7}=\frac{\square}{21}$

④ $\frac{3}{7}=\frac{15}{\square}$

2 次の分数の中から，$\frac{3}{4}$と大きさの等しい分数を選んで，（　）に全部書きましょう。
〔全部できて　5点〕

$\left[\ \frac{1}{2},\ \frac{5}{8},\ \frac{9}{12},\ \frac{13}{16},\ \frac{15}{20},\ \frac{16}{24}\ \right]$　（　　　　）

3 次の分数を約分しましょう。　〔1問　3点〕

① $\frac{8}{10}$

② $\frac{9}{15}$

③ $\frac{8}{12}$

④ $\frac{20}{25}$

⑤ $\frac{8}{24}$

⑥ $\frac{21}{35}$

⑦ $\frac{18}{45}$

⑧ $\frac{16}{64}$

⑨ $\frac{24}{56}$

⑩ $\frac{27}{72}$

4 次の(　)の中の分数を通分しましょう。　〔1問　4点〕

① $\left(\frac{1}{2}, \frac{2}{3}\right)$　(　　　　　　)

② $\left(\frac{1}{2}, \frac{1}{5}\right)$　(　　　　　　)

③ $\left(\frac{3}{4}, \frac{2}{3}\right)$　(　　　　　　)

④ $\left(\frac{1}{3}, \frac{2}{9}\right)$　(　　　　　　)

⑤ $\left(\frac{4}{15}, \frac{2}{5}\right)$　(　　　　　　)

⑥ $\left(\frac{1}{8}, \frac{1}{6}\right)$　(　　　　　　)

⑦ $\left(\frac{3}{8}, \frac{5}{12}\right)$　(　　　　　　)

⑧ $\left(\frac{5}{6}, \frac{7}{9}\right)$　(　　　　　　)

5 次の2つの分数の大きさをくらべ，□に不等号を書きましょう。　〔1問　5点〕

① $\frac{3}{4}$ □ $\frac{4}{5}$

② $\frac{6}{7}$ □ $\frac{4}{5}$

③ $\frac{7}{8}$ □ $\frac{8}{9}$

④ $\frac{9}{10}$ □ $\frac{8}{9}$

6 次の分数を，小さいものから順に(　)に書きましょう。　〔5点〕

$\left[\frac{7}{9}, \frac{3}{4}, \frac{2}{3}\right]$

(　　)

分数のたし算

基本の問題のチェックだよ。
できなかった問題は，しっかり学習してから
完成テストをやろう！

合計得点 　／100点

関連ドリル ●分数 P.24～44，57～62

〈真分数のたし算〉

1 次の計算の□にあてはまる数を書きましょう。 〔1問全部できて　8点〕

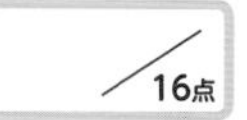

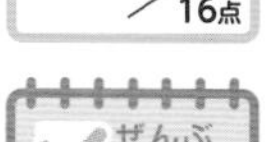

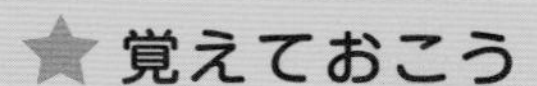

分母のちがう分数のたし算をするときは，通分して，分母を同じにしてから計算します。

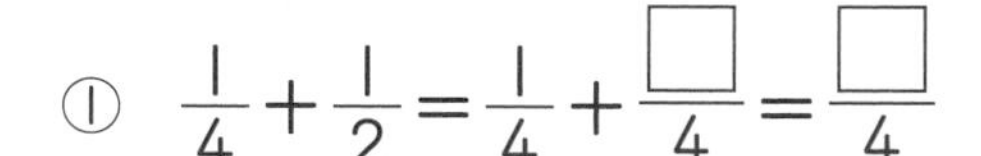

① $\frac{1}{4}+\frac{1}{2}=\frac{1}{4}+\frac{\square}{4}=\frac{\square}{4}$

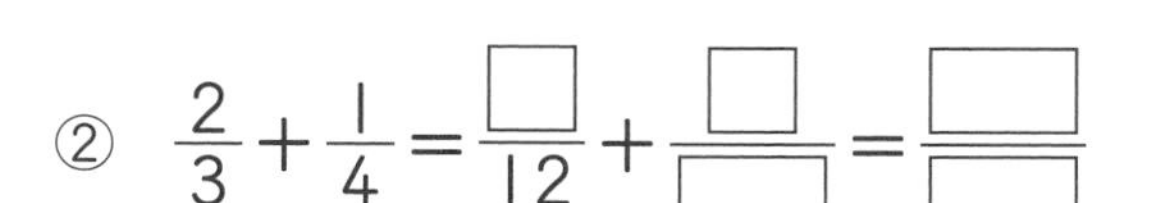

② $\frac{2}{3}+\frac{1}{4}=\frac{\square}{12}+\frac{\square}{\square}=\frac{\square}{\square}$

〈仮分数のたし算〉

2 次の計算の□にあてはまる数を書きましょう。 〔1問全部できて　8点〕

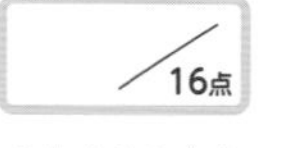

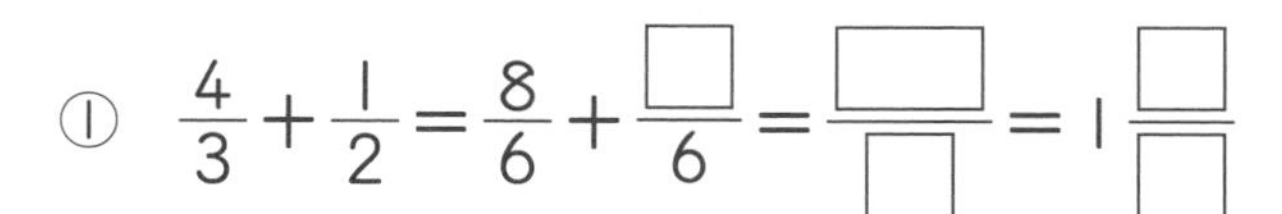

① $\frac{4}{3}+\frac{1}{2}=\frac{8}{6}+\frac{\square}{6}=\frac{\square}{\square}=1\frac{\square}{\square}$

② $\frac{3}{10}+\frac{7}{5}=\frac{\square}{10}+\frac{\square}{\square}=\frac{\square}{\square}=\square\frac{\square}{\square}$

〈帯分数のたし算〉

3 次の計算の□にあてはまる数を書きましょう。 〔1問全部できて　8点〕

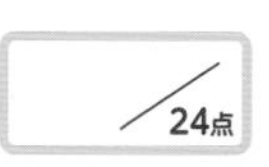

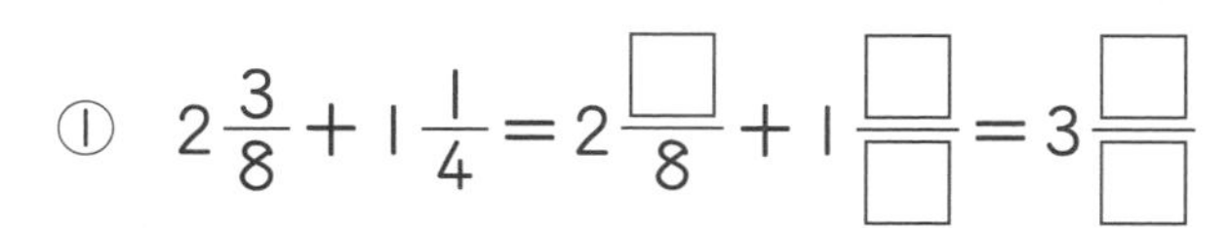

① $2\frac{3}{8}+1\frac{1}{4}=2\frac{\square}{8}+1\frac{\square}{\square}=3\frac{\square}{\square}$

② $1\frac{1}{6}+1\frac{2}{9}=1\frac{\square}{18}+1\frac{\square}{\square}=\square\frac{\square}{\square}$

③ $1\frac{1}{3}+1\frac{5}{6}=1\frac{\square}{\square}+1\frac{5}{\square}=\square\frac{7}{\square}=\square\frac{1}{\square}$

〈答えが約分できる分数のたし算〉

4 次の計算の□にあてはまる数を書きましょう。

〔1問全部できて　8点〕

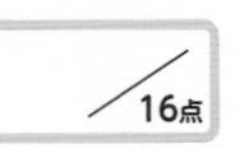

① $\frac{1}{6}+\frac{1}{2}=\frac{1}{\square}+\frac{\square}{\square}=\frac{\cancel{4}^{\square}}{\cancel{6}_{\square}}$

$=\frac{\square}{\square}$

答えが約分できる
ときは，約分して
答えよう。

② $1\frac{3}{4}+\frac{1}{12}=1\frac{\square}{\square}+\frac{1}{\square}=1\frac{\cancel{10}^{\square}}{\cancel{12}_{\square}}$

$=\square\frac{\square}{\square}$

〈3つの分数のたし算〉

5 次の計算の□にあてはまる数を書きましょう。

〔1問全部できて　14点〕

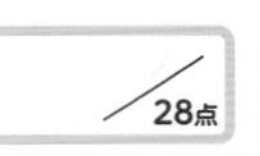

① $\frac{1}{3}+\frac{1}{4}+\frac{1}{8}=\frac{8}{24}+\frac{\square}{24}+\frac{\square}{24}$

$=\frac{\square}{24}$

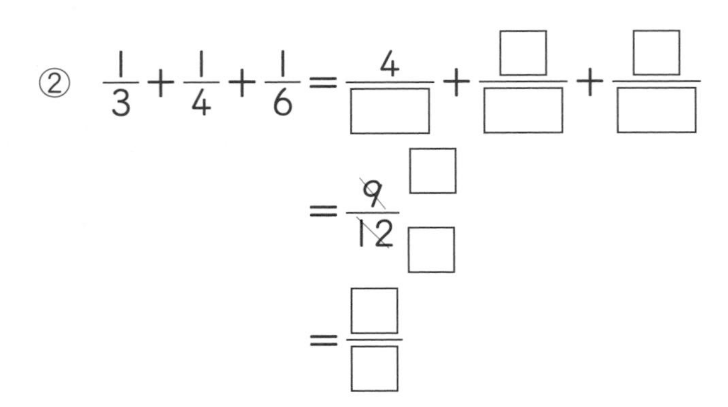

② $\frac{1}{3}+\frac{1}{4}+\frac{1}{6}=\frac{4}{\square}+\frac{\square}{\square}+\frac{\square}{\square}$

$=\frac{\cancel{9}^{\square}}{\cancel{12}_{\square}}$

$=\frac{\square}{\square}$

3つの分数を
一度に通分して
みよう。

完成目標時間 20分

分数のたし算

●復習のめやす
基本テスト・関連ドリルなどでしっかり復習しよう！

0点 80点 100点

合計得点

関連ドリル
●分数 P.23～44，57～62
●文章題 P.13・14

1 次の計算をしましょう。 〔1問 5点〕

① $\frac{1}{2}+\frac{1}{5}$

② $\frac{2}{3}+\frac{1}{5}$

③ $\frac{5}{8}+\frac{1}{4}$

④ $1\frac{1}{4}+1\frac{1}{6}$

⑤ $1\frac{1}{2}+\frac{5}{8}$

⑥ $2\frac{5}{8}+1\frac{7}{12}$

2 次の計算をしましょう。 〔1問 5点〕

① $\frac{1}{12}+\frac{1}{6}$

② $\frac{4}{9}+\frac{1}{18}$

③ $\frac{4}{15}+\frac{2}{5}$

④ $\frac{5}{6}+\frac{1}{10}$

⑤ $1\frac{1}{8}+1\frac{5}{24}$

⑥ $1\frac{3}{4}+2\frac{5}{12}$

3 次の計算をしましょう。 〔1問　5点〕

① $\frac{1}{2}+\frac{1}{3}+\frac{1}{5}$

② $\frac{4}{9}+\frac{1}{18}+\frac{1}{6}$

③ $\frac{2}{5}+\frac{3}{10}+\frac{1}{2}$

④ $\frac{1}{3}+\frac{1}{2}+\frac{5}{6}$

4 みさきさんはリボンを$\frac{3}{4}$m使いましたが，まだ$\frac{1}{12}$m残っています。はじめにリボンは何mありましたか。 〔6点〕

答え（　　　　）

5 $\frac{1}{4}$kgのふくろに，みかんを$1\frac{5}{6}$kg入れました。全体の重さは何kgですか。 〔6点〕

式

答え（　　　　）

6 ひろとさんの家から学校までは$1\frac{5}{6}$kmで，学校から駅までは$1\frac{1}{10}$kmです。ひろとさんの家から学校を通って駅までは，何kmありますか。 〔8点〕

式

答え（　　　　）

18 基本テスト 分数のひき算

完成目標時間 20分

基本（きほん）の問題のチェックだよ。
できなかった問題は，しっかり学習してから
完成テストをやろう！

合計得点（とくてん）　／100点

関連ドリル　●分数　P.45〜56，63〜66

〈真分数のひき算〉

1 次の計算の□にあてはまる数を書きましょう。　〔1問全部できて　8点〕

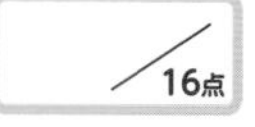

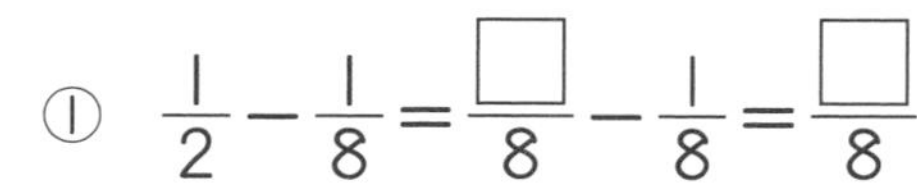

① $\frac{1}{2}-\frac{1}{8}=\frac{\square}{8}-\frac{1}{8}=\frac{\square}{8}$

② $\frac{3}{4}-\frac{1}{3}=\frac{\square}{12}-\frac{\square}{\square}=\frac{\square}{\square}$

★ 覚えておこう

分母のちがう分数のひき算をするときも，通分してから計算します。

〈仮分数のひき算〉

2 次の計算の□にあてはまる数を書きましょう。　〔1問全部できて　8点〕

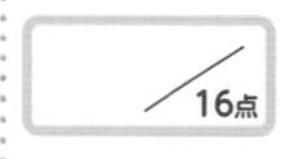

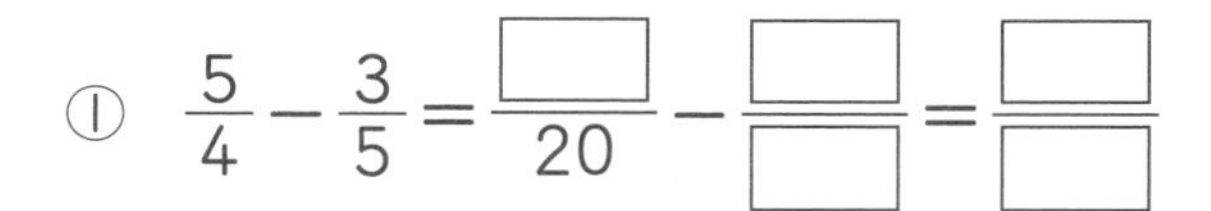

① $\frac{5}{4}-\frac{3}{5}=\frac{\square}{20}-\frac{\square}{\square}=\frac{\square}{\square}$

② $\frac{8}{7}-\frac{1}{2}=\frac{\square}{14}-\frac{\square}{\square}=\frac{\square}{\square}$

〈帯分数のひき算〉

3 次の計算の□にあてはまる数を書きましょう。　〔1問全部できて　8点〕

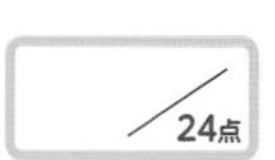

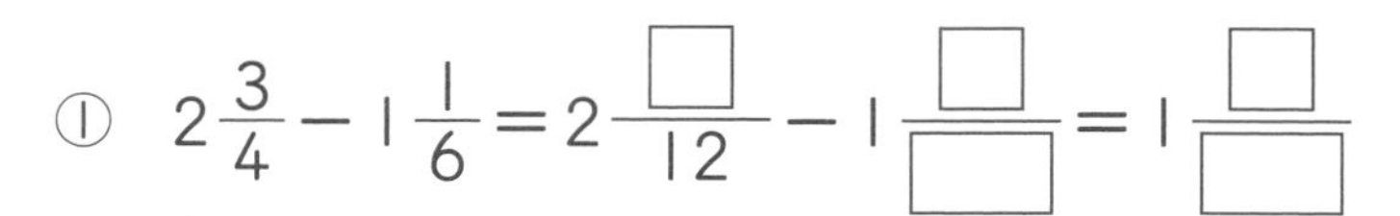

① $2\frac{3}{4}-1\frac{1}{6}=2\frac{\square}{12}-1\frac{\square}{\square}=1\frac{\square}{\square}$

② $2\frac{5}{6}-1\frac{1}{8}=2\frac{\square}{24}-1\frac{\square}{24}=\square\frac{\square}{\square}$

③ $3\frac{2}{3}-\frac{5}{6}=3\frac{\square}{\square}-\frac{5}{\square}=2\frac{\square}{\square}-\frac{5}{\square}=\square\frac{\square}{\square}$

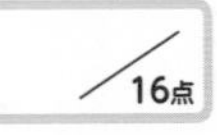

〈答えが約分できる分数のひき算〉

4 次の計算の□にあてはまる数を書きましょう。

〔1問全部できて　8点〕

① $\frac{2}{3}-\frac{1}{6}=\frac{\square}{\square}-\frac{1}{\square}=\frac{\cancel{3}^{\square}}{\cancel{6}_{\square}}$

$=\frac{\square}{\square}$

② $1\frac{17}{18}-\frac{5}{6}=1\frac{\square}{18}-\frac{\square}{\square}=1\frac{\cancel{2}^{\square}}{\cancel{18}_{\square}}$

$=\square\frac{\square}{\square}$

答えが約分できる
ときは，約分するよ。

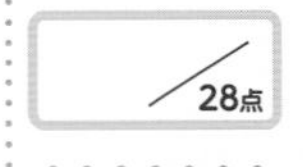

〈3つの分数のたし算・ひき算〉

5 次の計算の□にあてはまる数を書きましょう。

〔1問全部できて　14点〕

① $\frac{7}{8}-\frac{1}{2}-\frac{1}{4}=\frac{7}{8}-\frac{\square}{8}-\frac{\square}{8}$

$=\frac{\square}{8}$

② $\frac{5}{12}+\frac{5}{6}-\frac{3}{4}=\frac{5}{\square}+\frac{\square}{\square}-\frac{\square}{\square}$

$=\frac{\cancel{6}^{\square}}{\cancel{12}_{\square}}$

$=\frac{\square}{\square}$

3つの分数を
一度に通分して
みよう。

19 完成テスト

完成目標時間 20分

分数のひき算

●復習のめやす
基本テスト・関連ドリルなどでしっかり復習しよう！

0点 80点 合格 100点

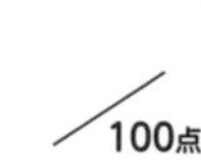

合計得点 /100点

関連ドリル
●分数 P.45〜56，63〜66
●文章題 P.15・16

1 次の計算をしましょう。 〔1問 5点〕

① $\frac{5}{12}-\frac{1}{3}$

② $\frac{1}{2}-\frac{1}{5}$

③ $\frac{3}{5}-\frac{1}{3}$

④ $2\frac{5}{6}-1\frac{3}{4}$

⑤ $1\frac{3}{4}-\frac{2}{3}$

⑥ $3\frac{1}{8}-1\frac{5}{6}$

2 次の計算をしましょう。 〔1問 5点〕

① $\frac{1}{2}-\frac{1}{6}$

② $\frac{7}{18}-\frac{1}{6}$

③ $\frac{4}{5}-\frac{3}{10}$

④ $\frac{5}{6}-\frac{1}{10}$

⑤ $2\frac{5}{6}-1\frac{1}{3}$

⑥ $1\frac{1}{15}-\frac{9}{10}$

3 次の計算をしましょう。〔1問　5点〕

① $1-\frac{1}{3}-\frac{1}{4}$

② $1\frac{1}{2}-\frac{2}{3}-\frac{1}{6}$

③ $\frac{5}{8}-\frac{1}{6}+\frac{7}{12}$

④ $\frac{1}{3}+\frac{3}{4}-\frac{5}{6}$

4 牛にゅうが$\frac{4}{5}$L，ジュースが$\frac{2}{3}$Lあります。牛にゅうは，ジュースより何L多いでしょうか。〔6点〕

式

答え（　　　　　）

5 たけしさんの家から東へ$\frac{7}{8}$km行ったところに学校があり，西へ$1\frac{1}{4}$km行ったところに駅があります。どちらのほうがどれだけ遠くにありますか。〔6点〕

答え（　　　　　）

6 米が$2\frac{3}{10}$kgあります。きょう$\frac{5}{6}$kg使いました。米は何kg残っていますか。〔8点〕

答え（　　　　　）

分数と小数

基本の問題のチェックだよ。
できなかった問題は，しっかり学習してから
完成テストをやろう！

合計得点 /100点

関連ドリル ●数・量・図形 P.31～34 ●分数 P.69～72

〈わり算と分数〉

1 2Lのジュースを3人で同じ量ずつ分けます。1人分は何Lになるか求めます。下の図を見て，次の問題に答えましょう。 〔1問全部できて 6点〕 /18点

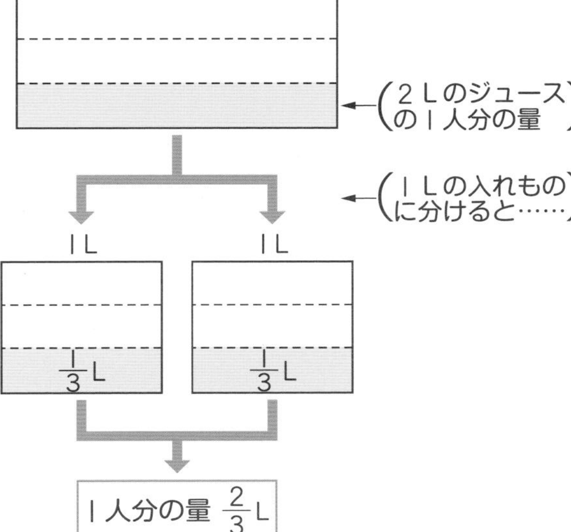

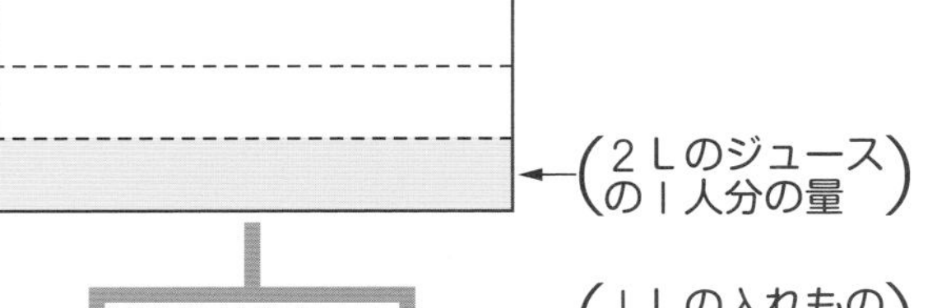

① 1人分のジュースの量を求めるわり算の式を書きましょう。

□÷□

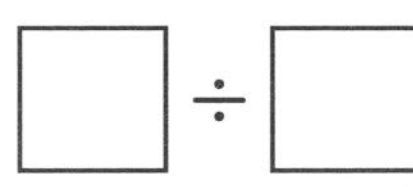

② 1人分のジュースの量は，何Lになりますか。左の図を見て分数で答えましょう。

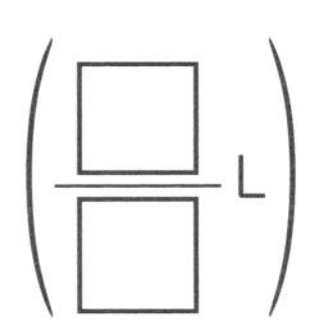

（$\frac{□}{□}$L）

③ わり算の商を分数で表します。下の□にあてはまる数を書きましょう。

$2 \div 3 = \frac{□}{□}$

ぜんぶできたら 数・量・図形 31ページ

〈分数を小数で表す〉

2 $\frac{2}{5}$を小数で表します。次の□にあてはまる数を書きましょう。 〔全部できて 6点〕 /6点

$\frac{2}{5} = 2 \div □$

$= □$

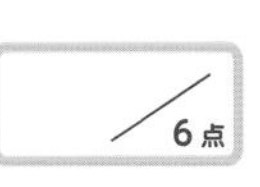

ぜんぶできたら 数・量・図形 32ページ 分数 69・70ページ

〈小数を分数で表す〉

3 0.9を分数で表します。次の問題に答えましょう。 〔1問 8点〕 /16点

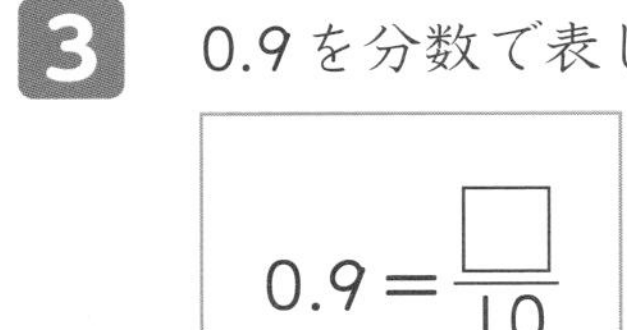

$0.9 = \frac{□}{10}$

① 0.1と等しい大きさの分数はどれですか。○でかこみましょう。 〔$\frac{1}{10}$　$\frac{1}{100}$　$\frac{1}{1000}$〕

② 左の□にあてはまる数を書きましょう。

ぜんぶできたら 数・量・図形 33ページ 分数 71・72ページ

〈小数を分数で表す〉

4 0.07を分数で表します。次の問題に答えましょう。〔1問　8点〕

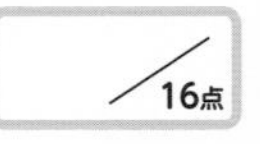

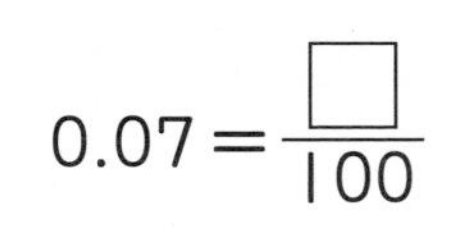

① 0.01と等しい大きさの分数はどれですか。○でかこみましょう。

$\left[\ \frac{1}{10}\quad \frac{1}{100}\quad \frac{1}{1000}\ \right]$

② 左の□にあてはまる数を書きましょう。

〈小数を分数で表す〉

5 0.003を分数で表します。次の問題に答えましょう。〔1問　8点〕

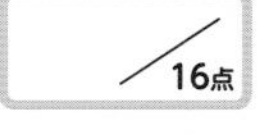

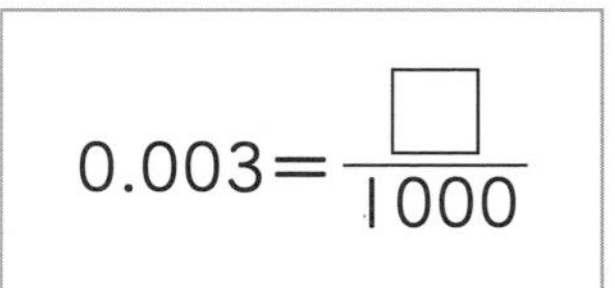

① 0.001と等しい大きさの分数はどれですか。○でかこみましょう。

$\left[\ \frac{1}{10}\quad \frac{1}{100}\quad \frac{1}{1000}\ \right]$

② 左の□にあてはまる数を書きましょう。

〈分数と小数の大小〉

6 $\frac{3}{5}$と0.7の大きさをくらべます。次の問題に答えましょう。

〔1問全部できて　6点〕

12点

（数直線：0 〜 1、下の目もり 0 〜 $\frac{5}{5}$）

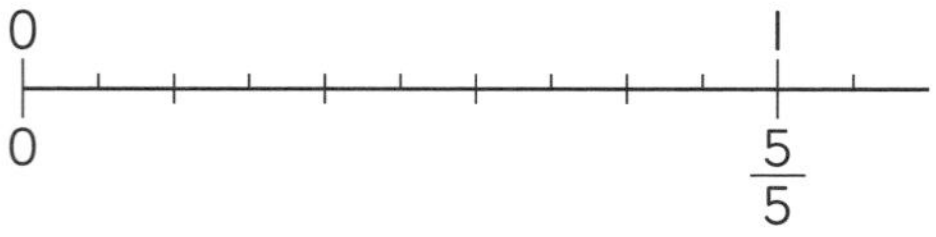

① $\frac{3}{5}$と0.7を，左の数直線に↓で表しましょう。

② $\frac{3}{5}$と0.7では，どちらが大きいですか。

（　　　　）

〈分数と小数の大小〉

7 $\frac{3}{7}$と0.3の大きさをくらべます。次の問題に答えましょう。〔1問　8点〕

16点

数・量・図形 34ページ

$\frac{3}{7}$ □ 0.3

① 0.3を分数で表しましょう。

（　　　　）

② 左の□にあてはまる不等号を書きましょう。

21 完成テスト 分数と小数

完成目標時間 20分

●復習のめやす
基本テスト・関連ドリルなどでしっかり復習しよう！
0点 80点 100点

合計得点

関連ドリル
●数・量・図形 P.31～34
●分数 P.69～72
●文章題 P.11・12

1 わり算の商を分数で表しましょう。 〔1問 3点〕

① $1 \div 6$　② $5 \div 7$

③ $4 \div 12$　④ $12 \div 16$

⑤ $6 \div 5$　⑥ $36 \div 16$

2 次の分数を小数で表しましょう。 〔1問 3点〕

① $\frac{2}{5}$　② $\frac{1}{4}$

③ $\frac{7}{10}$　④ $\frac{3}{8}$

⑤ $1\frac{3}{5}$　⑥ $2\frac{4}{25}$

3 次の小数を分数で表しましょう。（約分できるものは約分して答えましょう。） 〔1問 3点〕

① 0.3　② 0.6

③ 1.4　④ 0.25

⑤ 1.26　⑥ 3.15

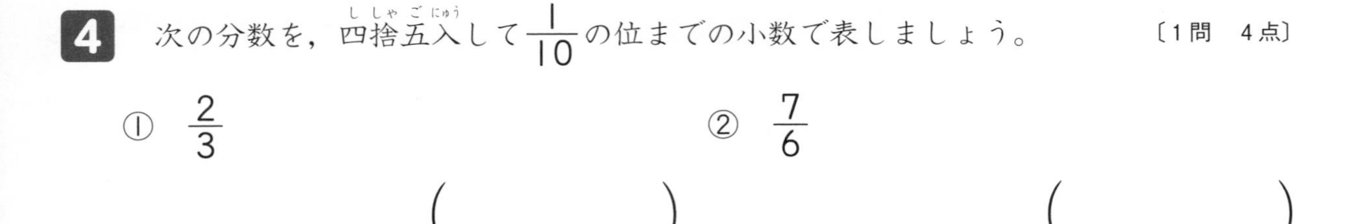

4 次の分数を，四捨五入（ししゃごにゅう）して$\frac{1}{10}$の位までの小数で表しましょう。〔1問　4点〕

① $\frac{2}{3}$　（　　　　　）

② $\frac{7}{6}$　（　　　　　）

5 次の分数と小数の大きさをくらべ，□に等号か不等号を書きましょう。〔1問　3点〕

① 0.25 □ $\frac{3}{10}$

② $\frac{1}{4}$ □ 0.23

③ $\frac{7}{8}$ □ 0.87

④ $\frac{8}{5}$ □ 1.5

⑤ $1\frac{3}{4}$ □ 1.65

⑥ 2.12 □ $2\frac{3}{25}$

6 8dLのジュースを5つのコップに等分しました。1つのコップにジュースは何dL入っていますか。答えを分数と小数で求めましょう。〔それぞれ　6点〕

式

答え（分数…　　　　　小数…　　　　　）

7 あきらさんの体重は32kgで，妹の体重は28kgです。あきらさんの体重は，妹の体重の何倍ですか。分数で答えましょう。〔8点〕

式

答え（　　　　　）

基本テスト

完成目標時間 20分

角

基本の問題のチェックだよ。
できなかった問題は，しっかり学習してから
完成テストをやろう！

合計得点　／100点

関連ドリル　●数・量・図形　P.35〜38

〈三角じょうぎの角の和〉

1 右の図は，1組の三角じょうぎをしめしたものです。次の問題に答えましょう。　〔（　）1つ　5点〕

／30点

① あ〜えの角の大きさは，それぞれ何度ですか。

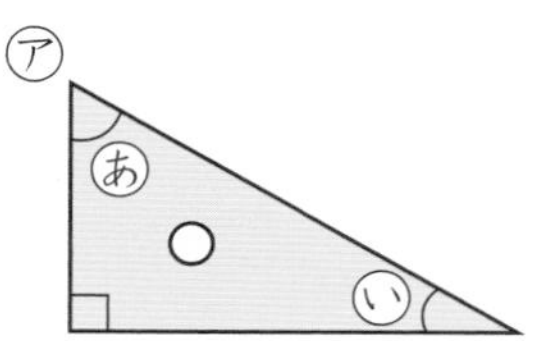

あ（　　　）い（　　　）

う（　　　）え（　　　）

② アとイの三角じょうぎの3つの角の大きさの和は，それぞれ何度ですか。

ア（　　　）イ（　　　）

〈三角形の角〉

2 右の三角形のあの角度を求めます。　〔1問全部できて　6点〕

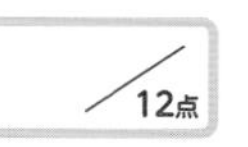

／12点

① 三角形の3つの角の大きさの和は何度ですか。

（　　　）

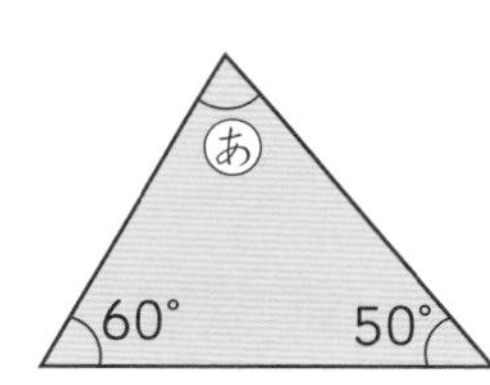

② あの角度は何度ですか。下の式の□にあてはまる数を書いて，答えを求めましょう。

式　180−（□＋□）＝□

答え（　　　）

〈二等辺三角形の角〉

3 右の三角形は二等辺三角形です。　〔1問全部できて　6点〕

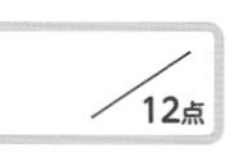

／12点

① あの角度は何度ですか。

（　　　）

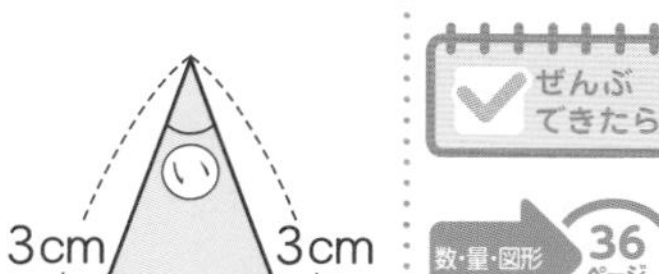

② いの角度は何度ですか。下の式の□にあてはまる数を書いて，答えを求めましょう。

式　180−□×2＝□

答え（　　　）

〈四角形の角の和〉

4 右の四角形について，次の問題に答えましょう。〔1問　5点〕

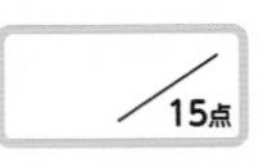
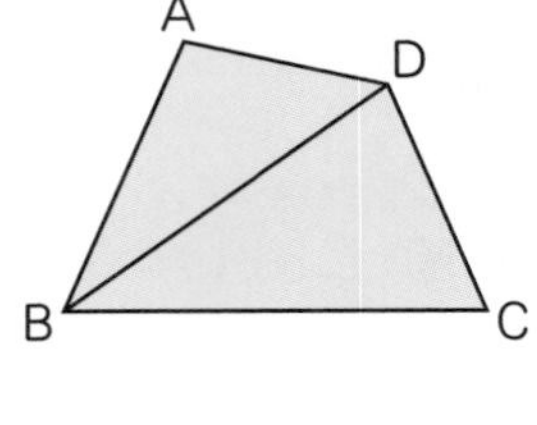

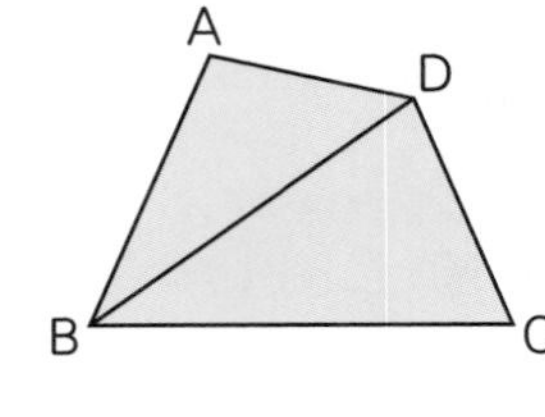

① 三角形ABDの3つの角の大きさの和は何度ですか。
（　　　　　）

② 三角形BCDの3つの角の大きさの和は何度ですか。
（　　　　　）

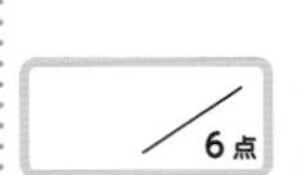

③ 四角形ABCDの4つの角の大きさの和は何度ですか。（　　　　　）

〈四角形の角〉

5 右の四角形のあの角度は何度ですか。下の式の□にあてはまる数を書いて，答えを求めましょう。〔全部できて　6点〕

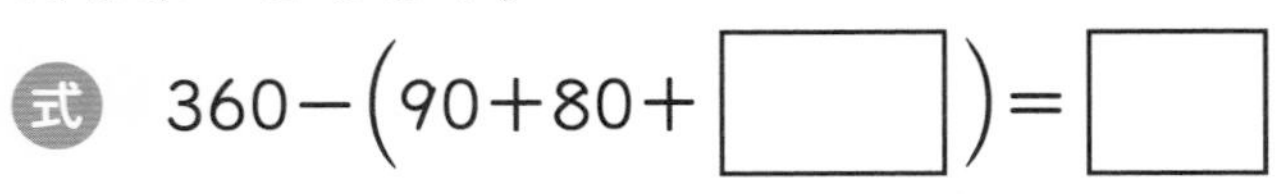

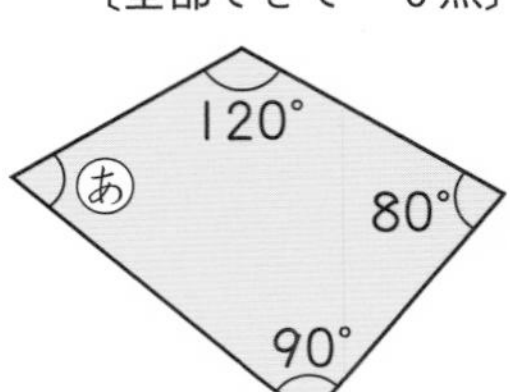

答え（　　　　　）

〈多角形〉

6 次の問題に答えましょう。〔1問　5点〕

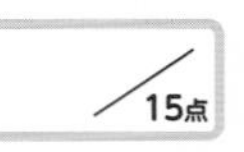

① 右の図のㇵのように，5つの直線でかこまれた図形を何といいますか。
（　　　　　）

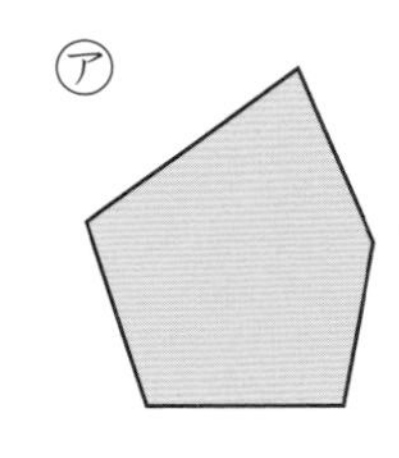

② 右の図のイのように，6つの直線でかこまれた図形を何といいますか。（　　　　　）

③ アやイのように，直線だけでかこまれた図形を何といいますか。（　　　　　）

〈五角形の角の和〉

7 右の五角形について，次の問題に答えましょう。〔1問　5点〕

① 2本の対角線で，いくつの三角形に分かれていますか。（　　　　　）

② 五角形の5つの角の大きさの和は何度ですか。（　　　　　）

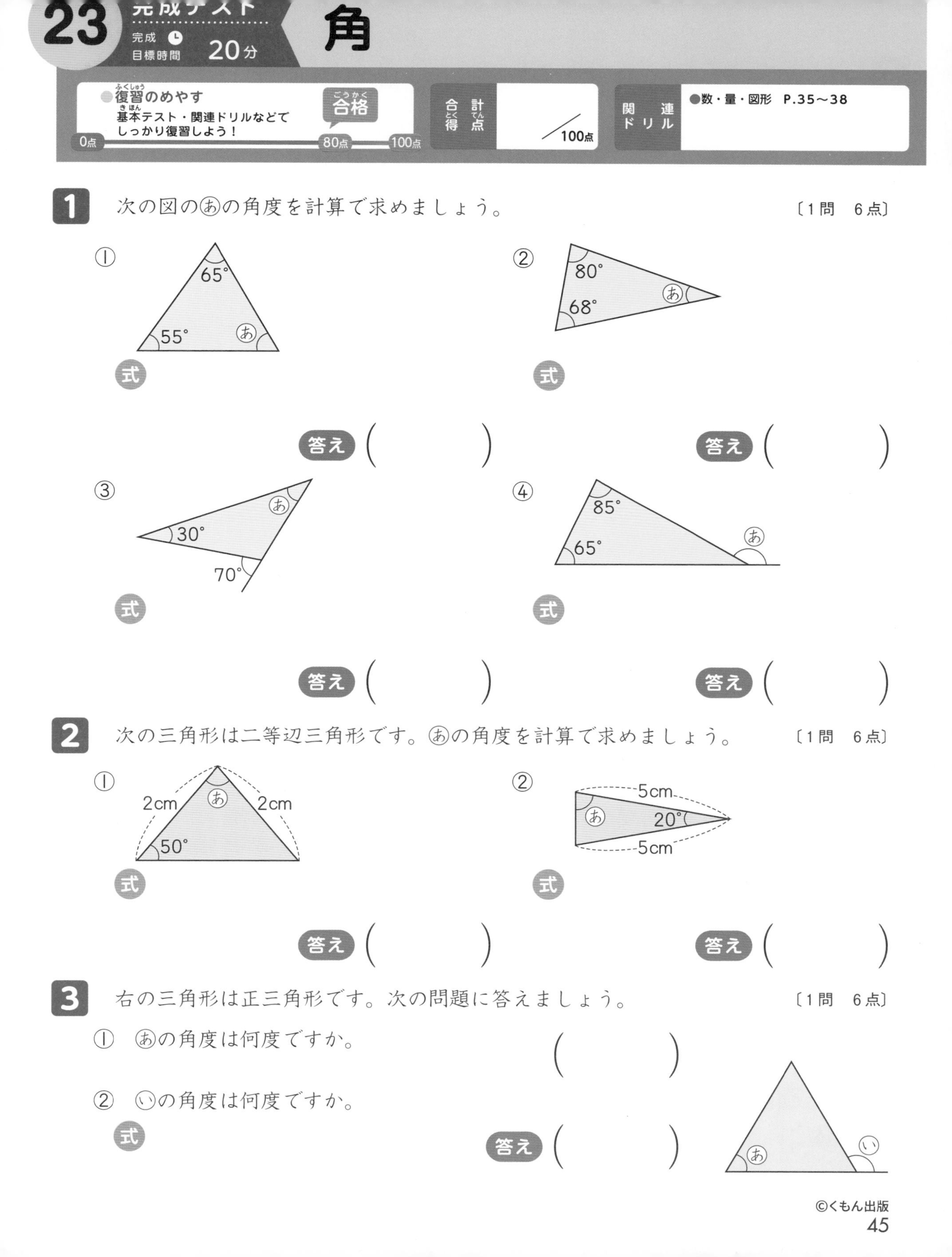

角

●復習のめやす 基本テスト・関連ドリルなどでしっかり復習しよう！ 0点 合格 80点 100点

合計得点 /100点

関連ドリル ●数・量・図形 P.35〜38

1 次の図のあの角度を計算で求めましょう。〔1問 6点〕

式 答え（　　）

2 次の三角形は二等辺三角形です。あの角度を計算で求めましょう。〔1問 6点〕

式 答え（　　）

3 右の三角形は正三角形です。次の問題に答えましょう。〔1問 6点〕

① あの角度は何度ですか。（　　）

② いの角度は何度ですか。

式 答え（　　）

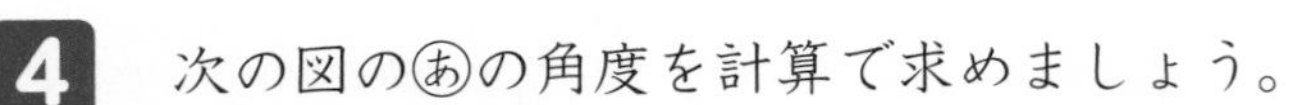

4 次の図のあの角度を計算で求めましょう。 〔1問 6点〕

①

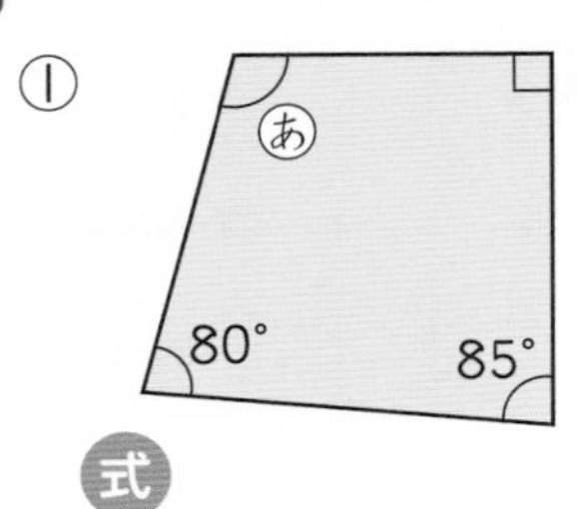

式

答え (　　　)

②

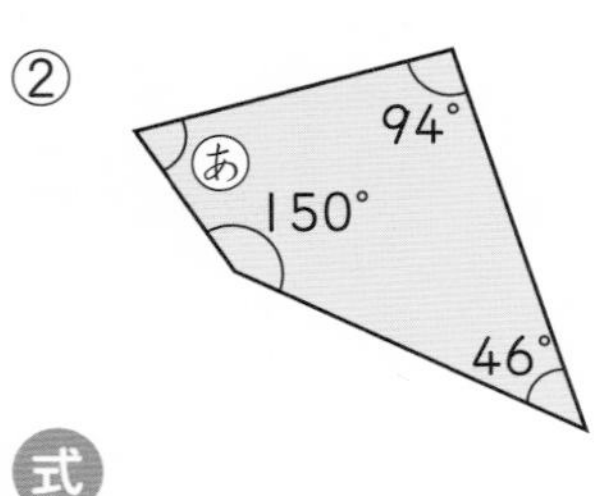

式

答え (　　　)

③

85°
あ
120°
125°

式

答え (　　　)

④

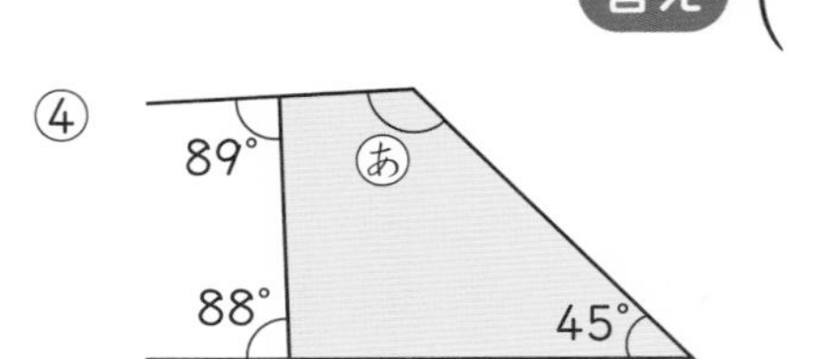

式

答え (　　　)

5 次の図のあの角度を計算で求めましょう。 〔1問 6点〕

①

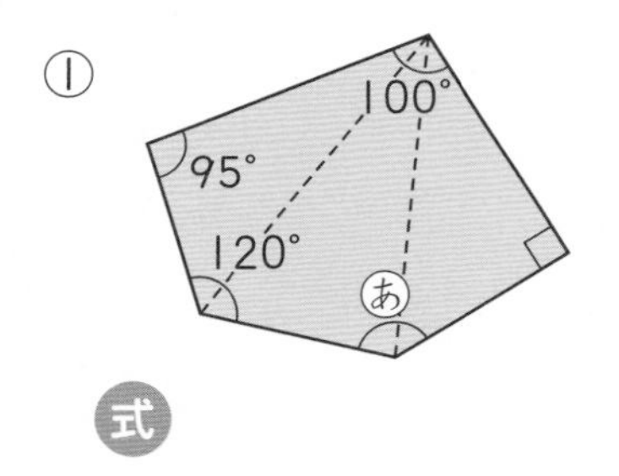

式

答え (　　　)

②

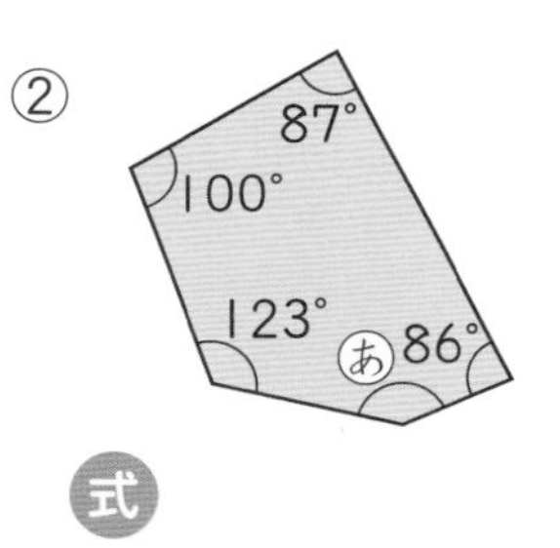

式

答え (　　　)

6 六角形について，次の問題に答えましょう。 〔1問 8点〕

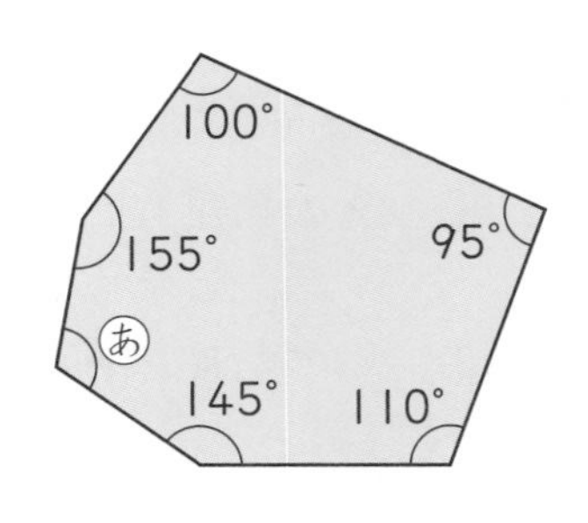

① 六角形の角の和は何度ですか。 (　　　)

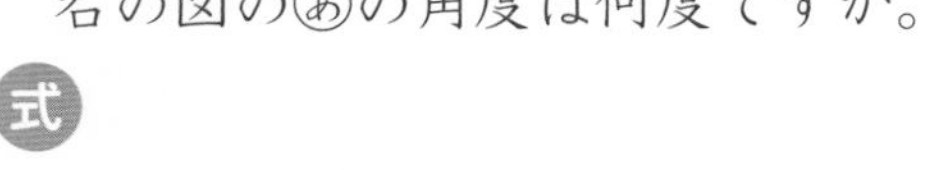

② 右の図のあの角度は何度ですか。

式

答え (　　　)

図形の合同

基本の問題のチェックだよ。
できなかった問題は，しっかり学習してから
完成テストをやろう！

合計得点

関連ドリル ●数・量・図形 P.39〜46

〈図形の合同〉

1 下の図について，次の問題に答えましょう。〔1問全部できて　5点〕

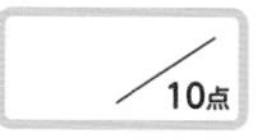

① ㋐の三角形と形も大きさも同じ三角形はどれですか。全部選んで，記号で答えましょう。（　　　）

② 形も大きさも同じで，ぴったり重ね合わすことのできる2つの図形を何といいますか。（　　　）

〈対応する頂点・辺・角〉

2 右の2つの三角形は合同です。次の問題に答えましょう。〔1問　6点〕

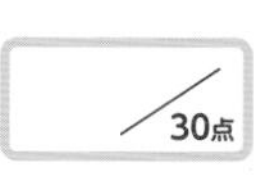

ぜんぶできたら

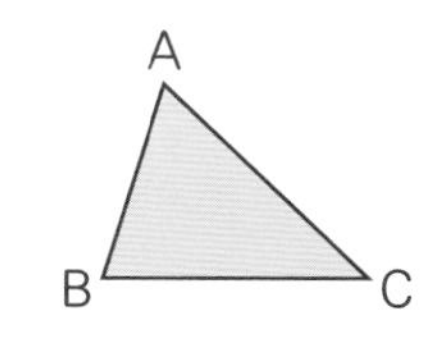

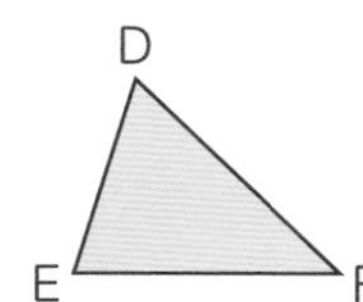

① 頂点A（エー）に対応する頂点はどれですか。（　　　）

② 辺AB（ビー）に対応する辺はどれですか。（　　　）

③ 対応する辺の長さは等しいでしょうか。（　　　）

④ 角C（シー）に対応する角はどれですか。（　　　）

⑤ 対応する角の大きさは等しいでしょうか。（　　　）

3 コンパスと分度器を使って，次の三角形と合同な三角形をかきましょう。

60点

ぜんぶ できたら

数・量・図形 43ページ〜

〔1問　20点〕

①

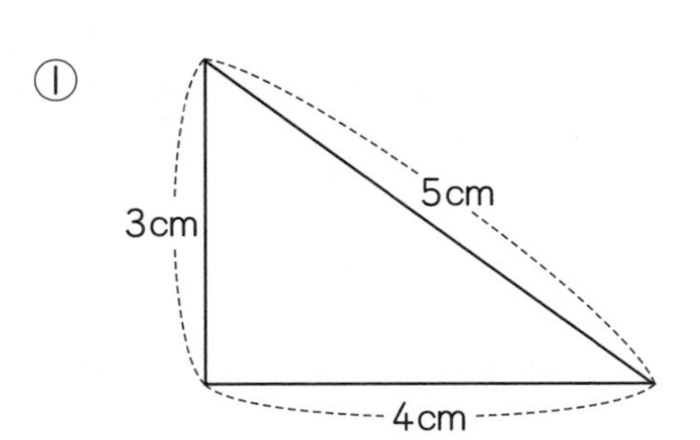

②

③

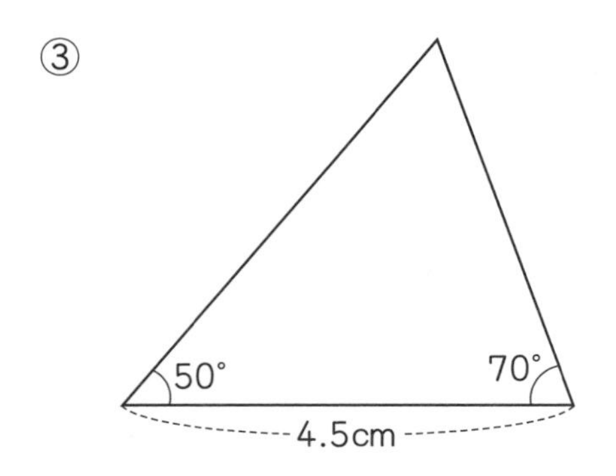

図形の合同

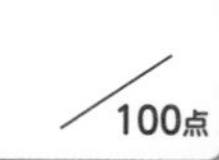

●復習のめやす 基本テスト・関連ドリルなどでしっかり復習しよう！ 0点 80点 合格 100点

合計得点 /100点

関連ドリル ●数・量・図形 P.39〜46

1 下の図の中で，合同な図形はどれとどれですか。あてはまるものを4組選んで，記号で答えましょう。〔1組 5点〕

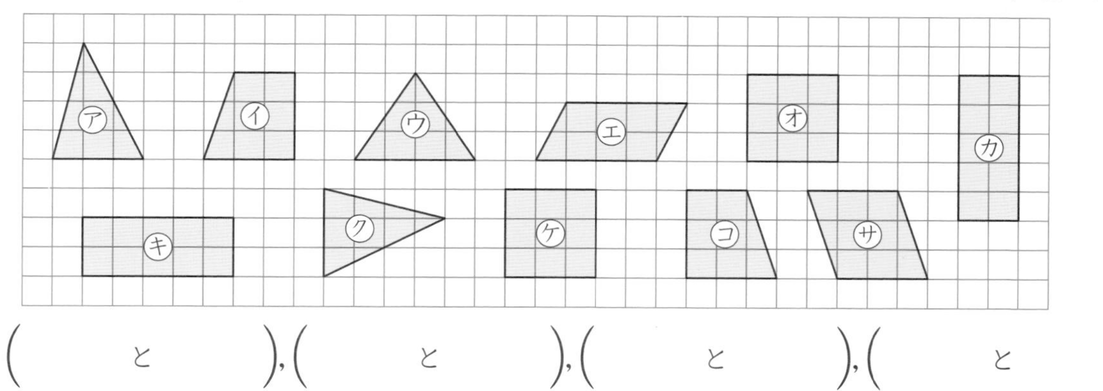

（ と ），（ と ），（ と ），（ と ）

2 右の2つの四角形は合同です。次の問題に答えましょう。〔1問 6点〕

① 頂点Gに対応する頂点はどれですか。

（　　）

② 辺FGの長さは何cmですか。

（　　）

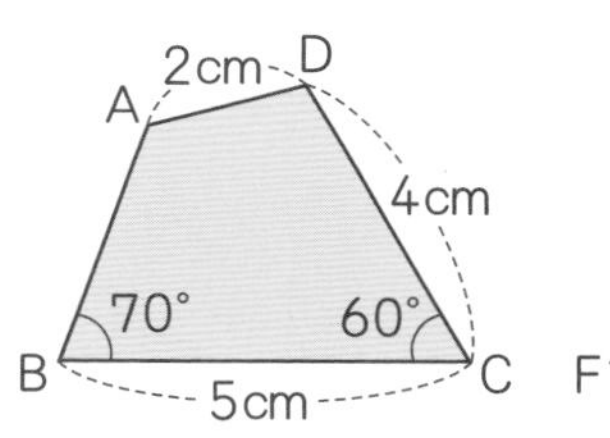

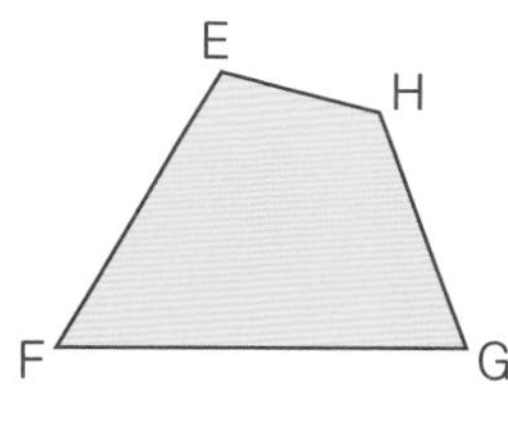

③ 辺EHの長さは何cmですか。

（　　）

④ 角Fの大きさは何度ですか。

（　　）

3 右の図のように，平行四辺形を2本の対角線で分けると，4つの三角形ができます。次の問題に答えましょう。〔1問 7点〕

① 三角形ABOと合同な三角形はどれですか。

（　　）

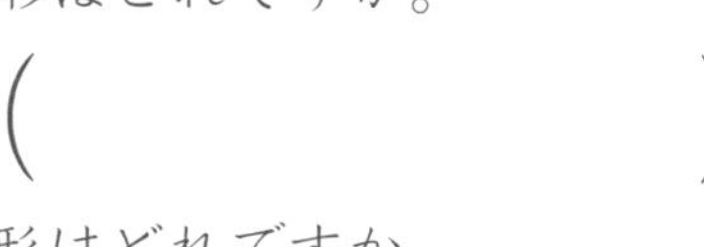

② 三角形BCOと合同な三角形はどれですか。

（　　）

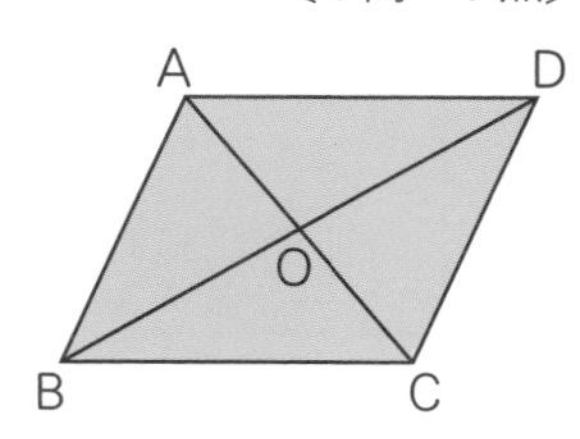

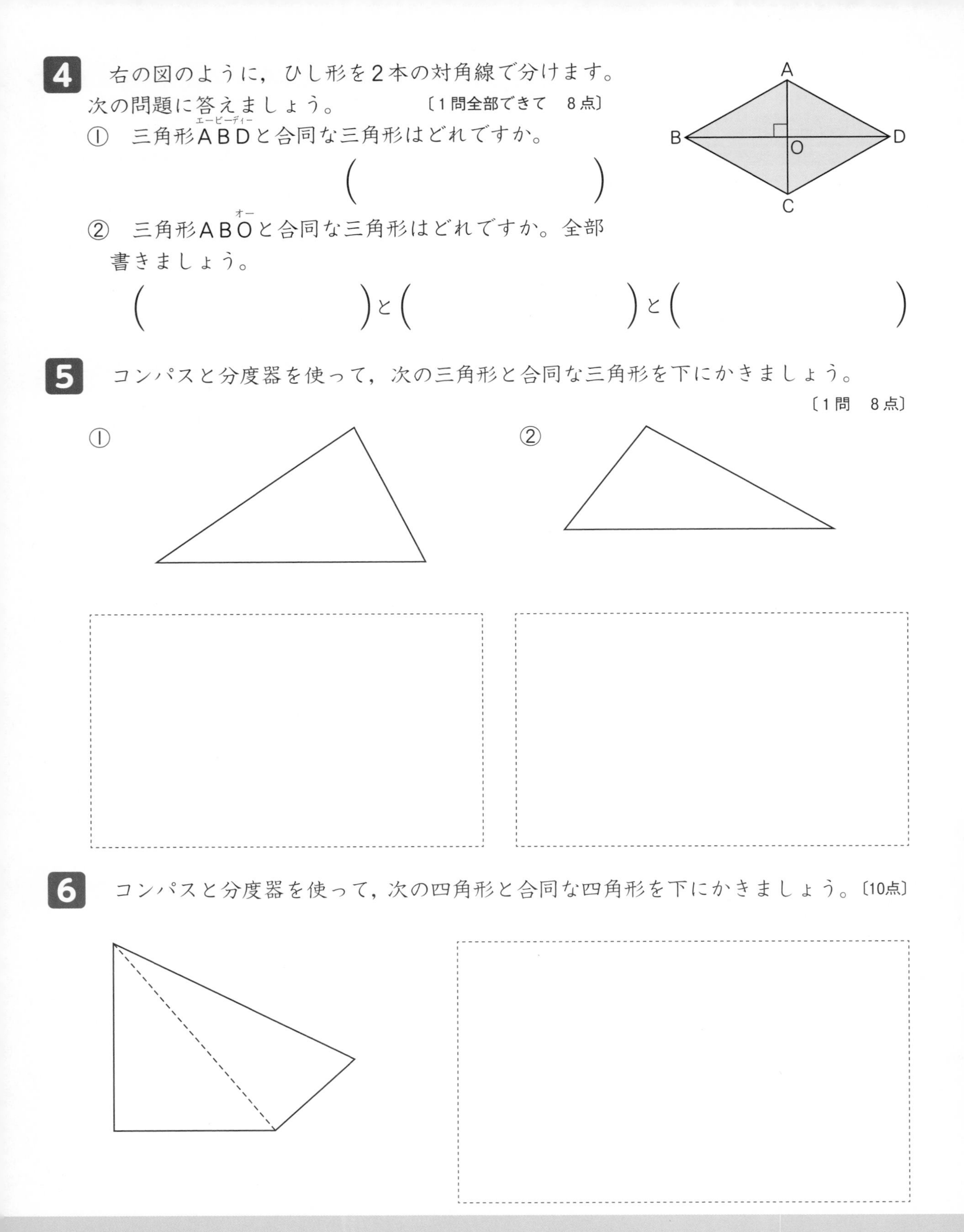

4 右の図のように，ひし形を２本の対角線で分けます。次の問題に答えましょう。〔１問全部できて　８点〕

① 三角形ＡＢＤと合同な三角形はどれですか。

（　　　　　　）

② 三角形ＡＢＯと合同な三角形はどれですか。全部書きましょう。

（　　　　　　）と（　　　　　　）と（　　　　　　）

5 コンパスと分度器を使って，次の三角形と合同な三角形を下にかきましょう。〔１問　８点〕

①

②

6 コンパスと分度器を使って，次の四角形と合同な四角形を下にかきましょう。〔10点〕

面　積

きほん
基本の問題のチェックだよ。
できなかった問題は，しっかり学習してから
完成テストをやろう！

合計得点（とくてん）　／100点

関連ドリル　●数・量・図形　P.47～58

〈平行四辺形の底辺と高さ〉

1

右の図の平行四辺形について，次の問題に答えましょう。〔1問　6点〕

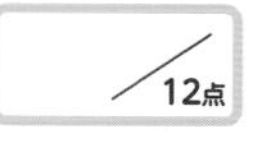

① 辺BC（ビーシー）を底辺としたとき，高さはどこになりますか。

（　　　　　　）

② 辺AB（エービー）を底辺としたとき，高さはどこになりますか。

（　　　　　　）

A　E　D　G　B　F　C

〈平行四辺形の面積〉

2

右の図は平行四辺形です。これを見て，次の問題に答えましょう。

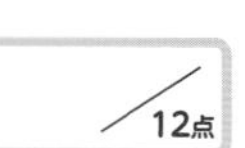

〔1問全部できて　6点〕

① 右の平行四辺形の面積を求める次の式の□にあてはまる数を書きましょう。

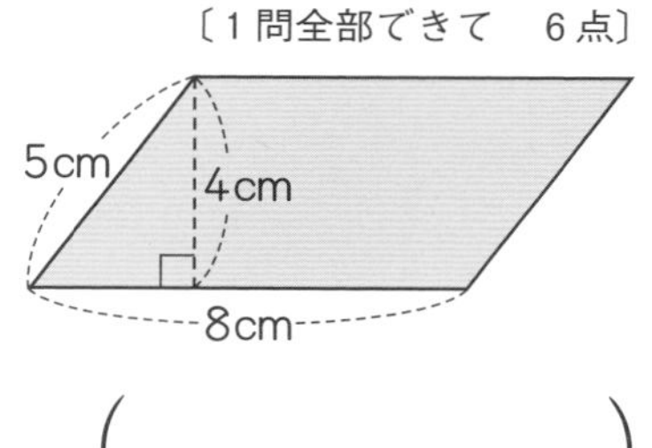

② 右の平行四辺形の面積は何cm²ですか。

（　　　　　　）

〈三角形の底辺と高さ〉

3

右の図の三角形について，次の問題に答えましょう。〔1問　6点〕

① 辺BCを底辺としたとき，高さはどこになりますか。

（　　　　　　）

② 辺ABを底辺としたとき，高さはどこになりますか。

（　　　　　　）

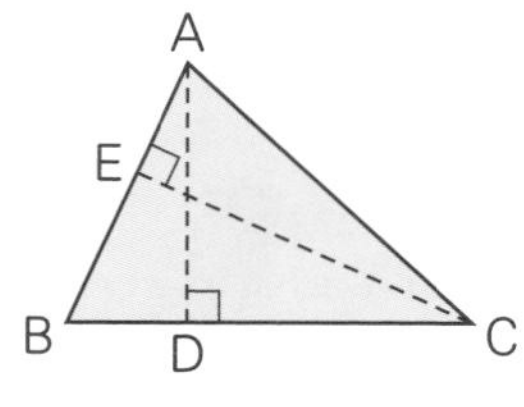

〈三角形の面積〉

4

右の図の三角形について，次の問題に答えましょう。〔1問全部できて　6点〕

／12点

① 右の三角形の面積を求める次の式の□にあてはまる数を書きましょう。

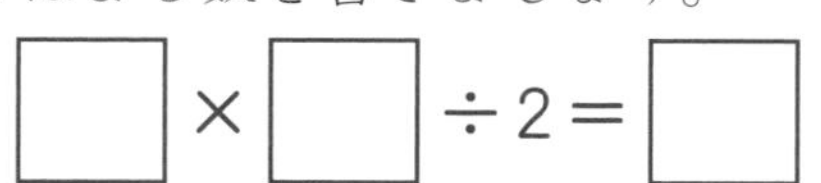

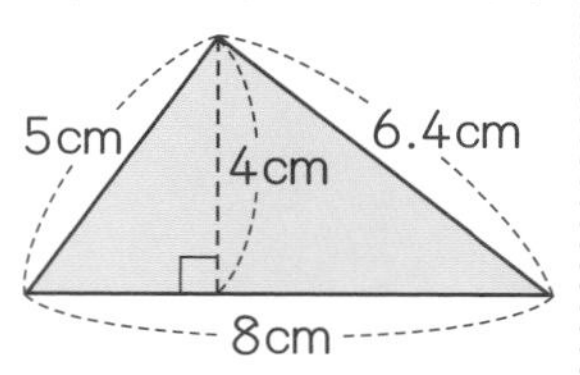

② 右の三角形の面積は何cm²ですか。

（　　　　　　）

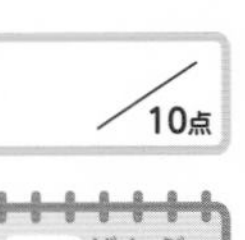

〈台形の上底・下底・高さ〉

5 右の図のような台形があります。（　）にあてはまることばを書きましょう。

〔（　）1つ　5点〕

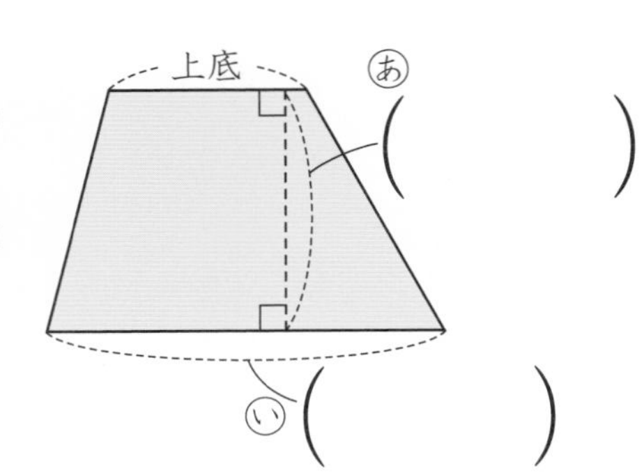

あ（　　　　）

い（　　　　）

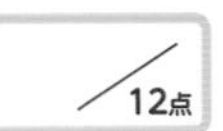

〈台形の面積〉

6 右の図は台形です。これを見て，次の問題に答えましょう。〔1問全部できて　6点〕

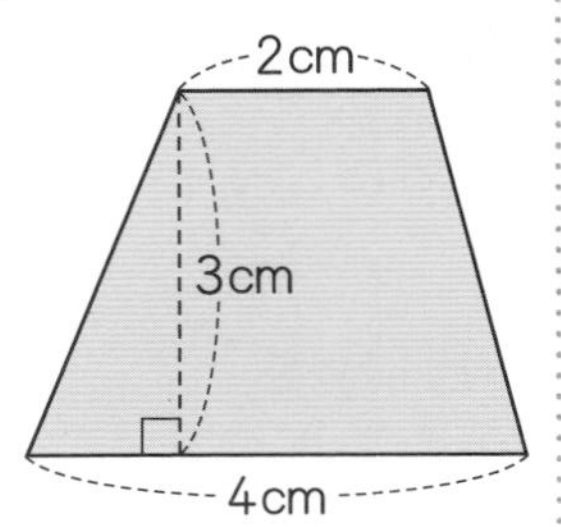

① 右の台形の面積を求める次の式の□にあてはまる数を書きましょう。

（□＋□）×□÷2＝□

② 右の台形の面積は何cm² ですか。

（　　　　）

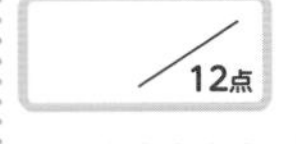

〈ひし形の面積〉

7 右の図はひし形です。これを見て，次の問題に答えましょう。

〔1問全部できて　6点〕

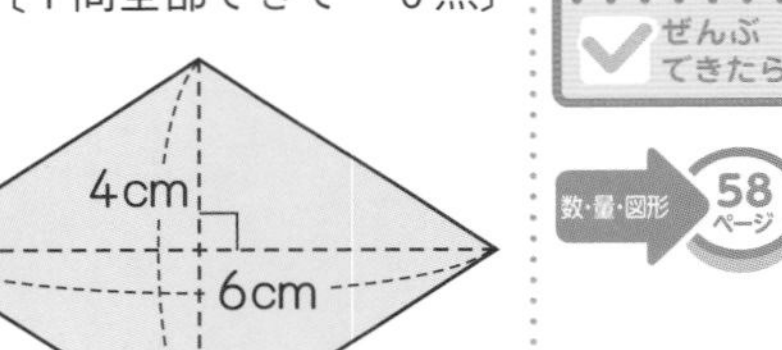

① 右のひし形の面積を求める次の式の□にあてはまる数を書きましょう。

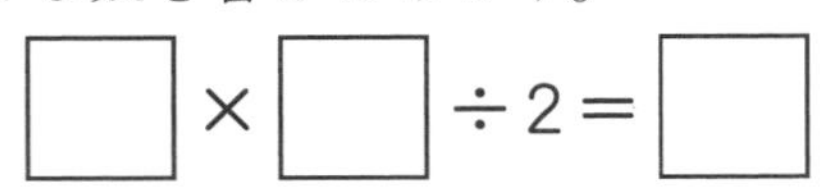

□×□÷2＝□

② 右のひし形の面積は何cm² ですか。

（　　　　）

〈多角形の面積〉

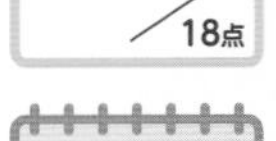

8 右の四角形ABCD（エービーシーディー）の面積を求めます。次の問題に答えましょう。〔1問　6点〕

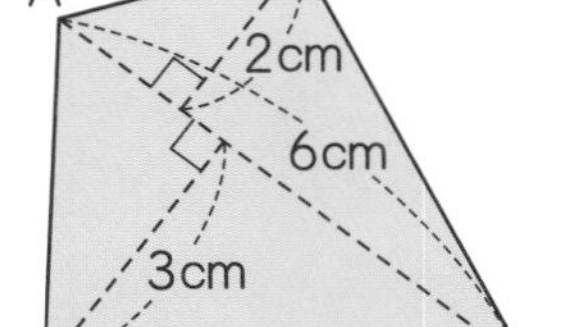

① 三角形ABCの面積は何cm² ですか。

式

答え（　　　　）

② 三角形ACDの面積は何cm² ですか。

式

答え（　　　　）

③ 四角形ABCDの面積は何cm² ですか。

式

答え（　　　　）

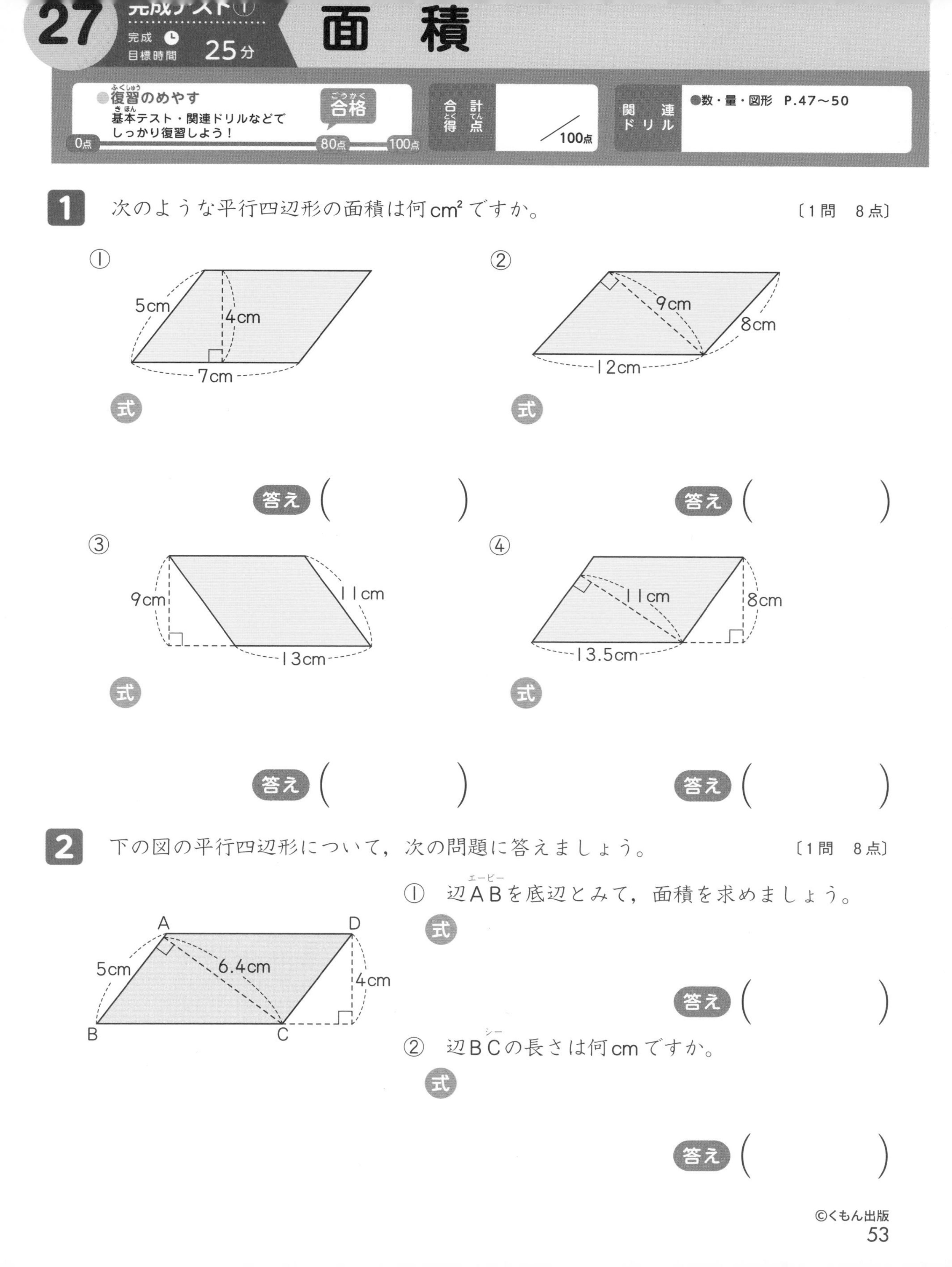
27
完成テスト①
完成目標時間 25分
面積
復習のめやす
基本テスト・関連ドリルなどでしっかり復習しよう！
0点
合格
80点
100点
合計得点
100点
関連ドリル
●数・量・図形 P.47〜50
1 次のようなの平行四辺形の面積は何cm²ですか。 〔1問 8点〕
①
5cm
4cm
7cm
式
答え（ ）
②
9cm
8cm
12cm
式
答え（ ）
③
9cm
11cm
13cm
式
答え（ ）
④
11cm
8cm
13.5cm
式
答え（ ）
2 下の図の平行四辺形について，次の問題に答えましょう。 〔1問 8点〕
A
D
5cm
6.4cm
4cm
B
C
① 辺ABを底辺とみて，面積を求めましょう。
式
答え（ ）
② 辺BCの長さは何cmですか。
式
答え（ ）

3 次のような三角形の面積は何cm² ですか。 〔1問 8点〕

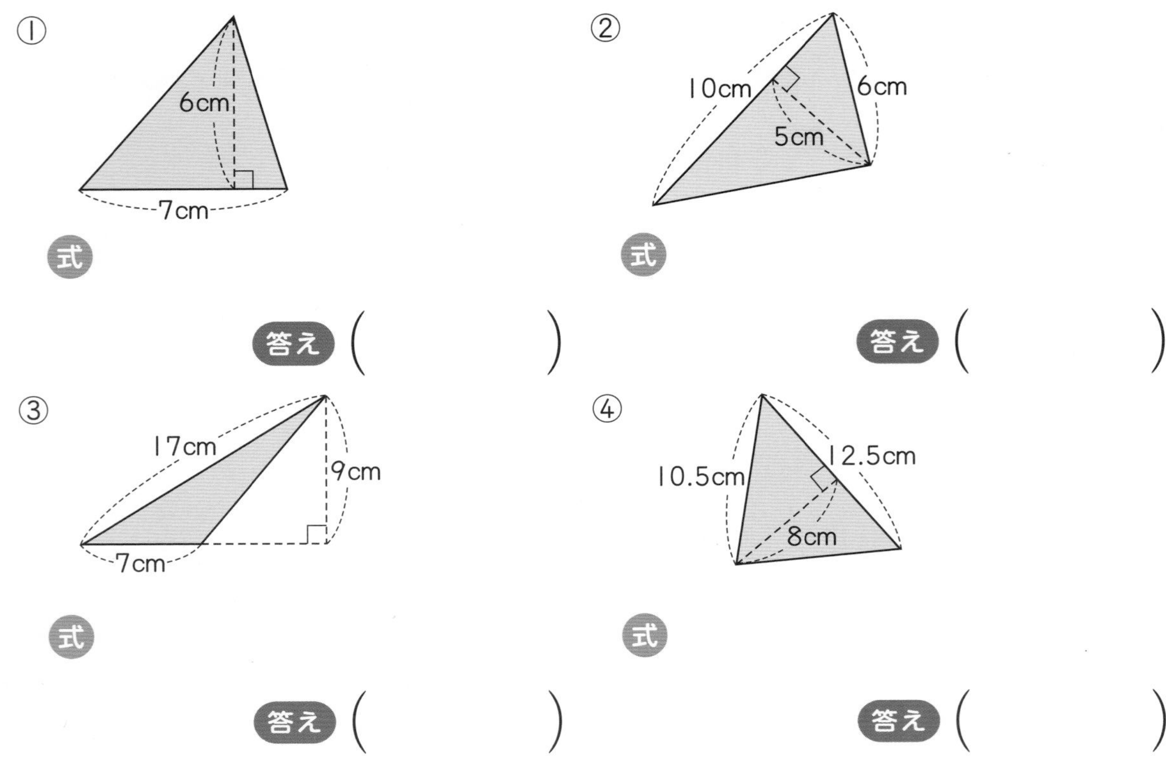

① 式

答え (　　　　)

② 式

答え (　　　　)

③ 式

答え (　　　　)

④ 式

答え (　　　　)

4 右の図の三角形ABC（エービーシー）の面積は18cm² です。辺BCの長さは何cm ですか。 〔10点〕

式

答え (　　　　)

5 下のあの三角形の面積と同じ面積になるのはどれですか。い～おの中から全部選び，記号で答えましょう。 〔全部できて 10点〕

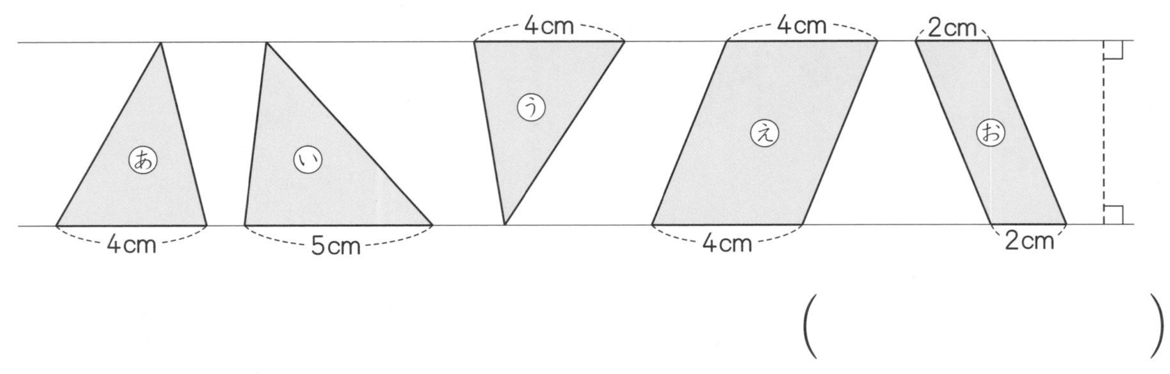

(　　　　)

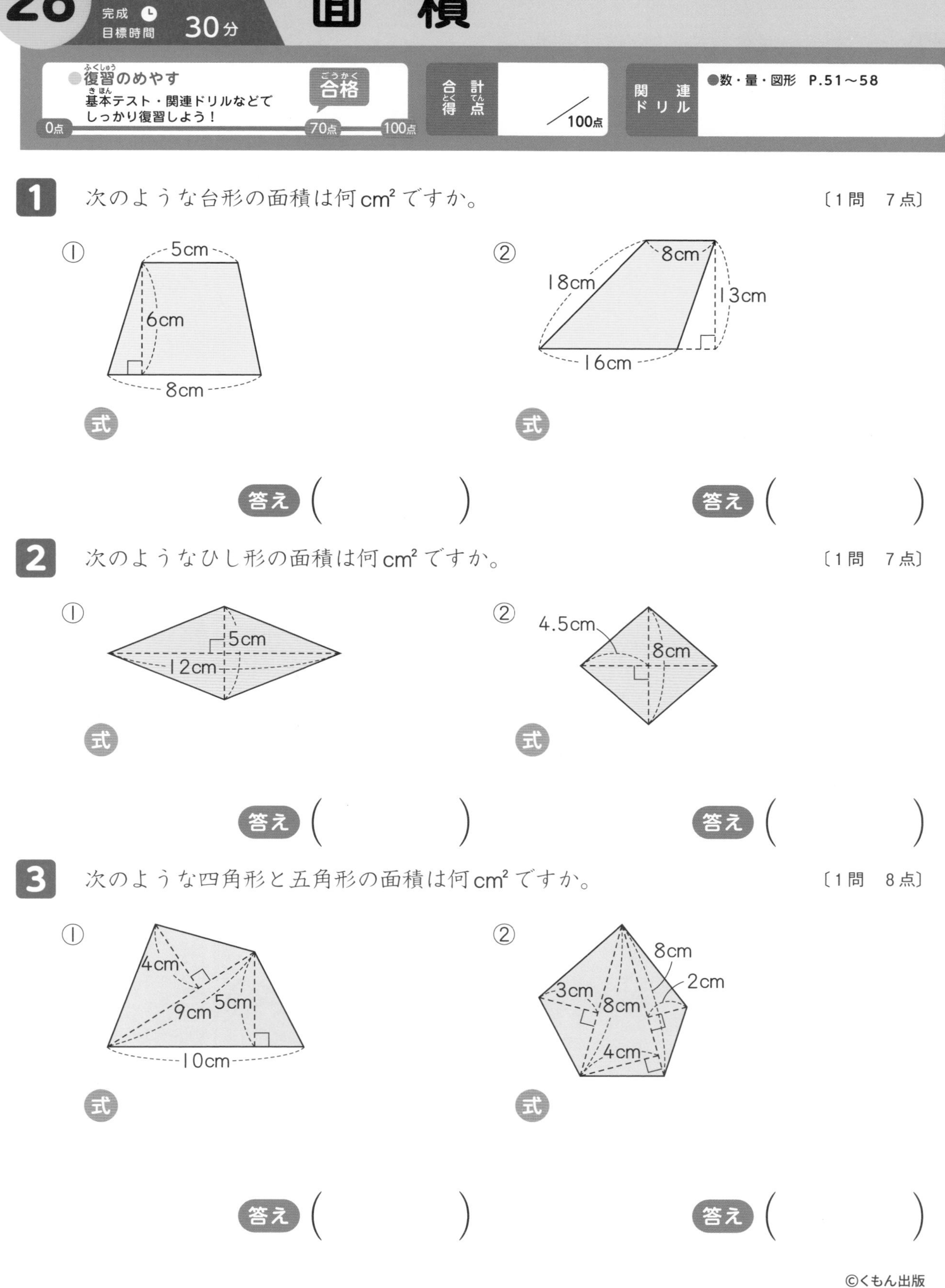

28 完成テスト② 面積

完成目標時間 30分

●復習のめやす
基本テスト・関連ドリルなどでしっかり復習しよう！
0点 70点 合格 100点

合計得点 /100点

関連ドリル ●数・量・図形 P.51～58

1 次のような台形の面積は何cm²ですか。 〔1問 7点〕

①

式

答え（ ）

②

式

答え（ ）

2 次のようなひし形の面積は何cm²ですか。 〔1問 7点〕

①

式

答え（ ）

②

式

答え（ ）

3 次のような四角形と五角形の面積は何cm²ですか。 〔1問 8点〕

①

式

答え（ ）

②

式

答え（ ）

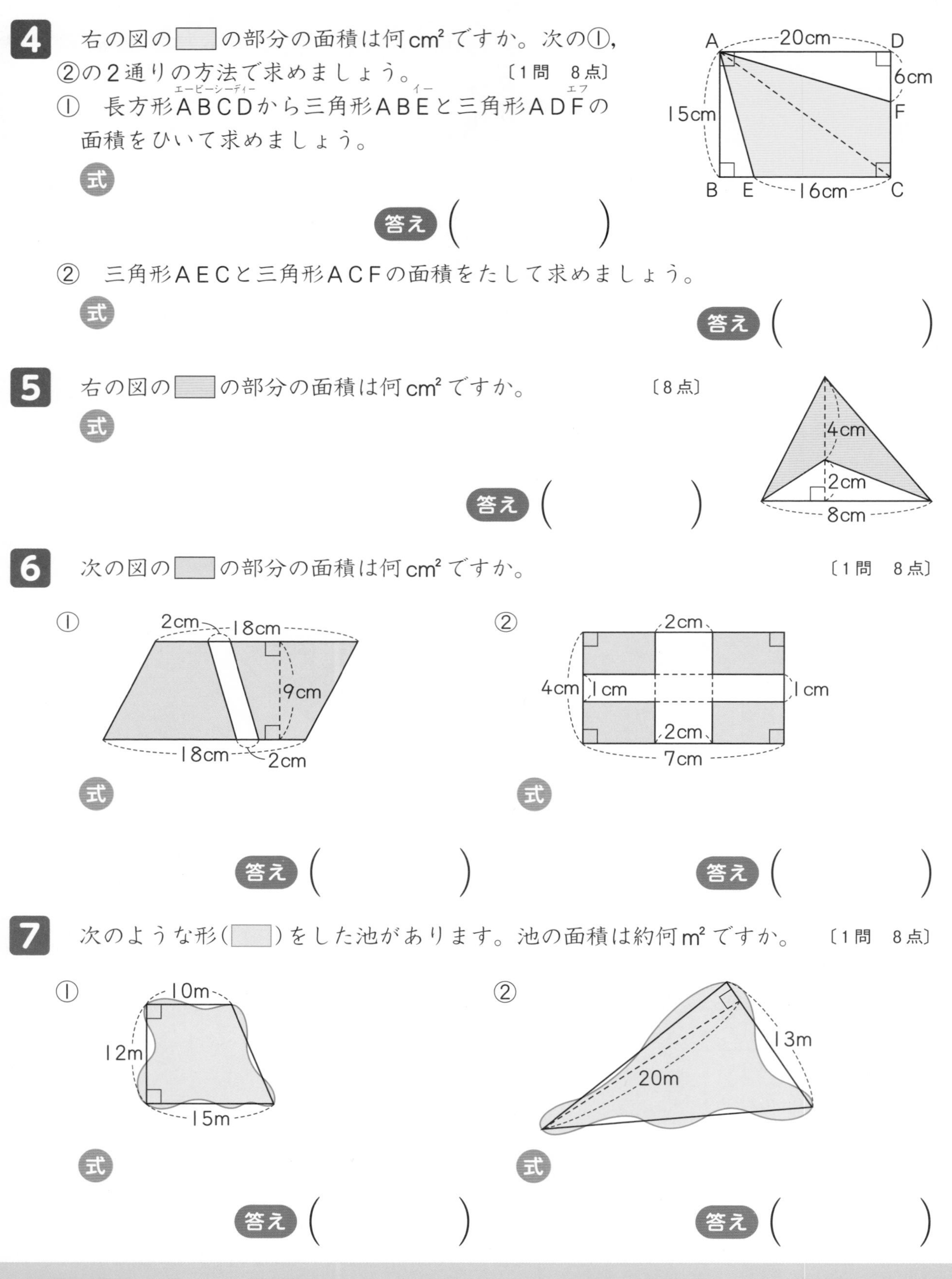

4 右の図の[　]の部分の面積は何cm^2ですか。次の①，②の２通りの方法で求めましょう。〔1問　8点〕

① 長方形ＡＢＣＤ（エービーシーディー）から三角形ＡＢＥ（イー）と三角形ＡＤＦ（エフ）の面積をひいて求めましょう。

式

答え（　　　　）

② 三角形ＡＥＣと三角形ＡＣＦの面積をたして求めましょう。

式

答え（　　　　）

5 右の図の[　]の部分の面積は何cm^2ですか。〔8点〕

式

答え（　　　　）

6 次の図の[　]の部分の面積は何cm^2ですか。〔1問　8点〕

①

式

答え（　　　　）

②

式

答え（　　　　）

7 次のような形（[　]）をした池があります。池の面積は約何m^2ですか。〔1問　8点〕

①

式

答え（　　　　）

②

式

答え（　　　　）

正多角形と円

基本の問題のチェックだよ。
できなかった問題は，しっかり学習してから
完成テストをやろう！

合計得点 /100点

関連ドリル ●数・量・図形 P.59～62

〈正多角形〉

1 次の問題に答えましょう。 〔(　)1つ　5点〕

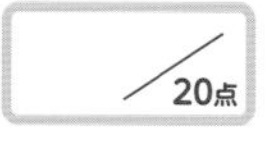

① 正三角形や正方形は，どの辺の長さも等しく，どの角の大きさも等しくなっています。このような多角形を何といいますか。

正三角形

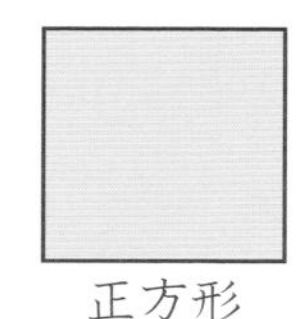
正方形

(　　　　)

② 下の図は，どの辺の長さもどの角の大きさも等しくなっています。(　)にそれぞれの名前を書きましょう。

㋐
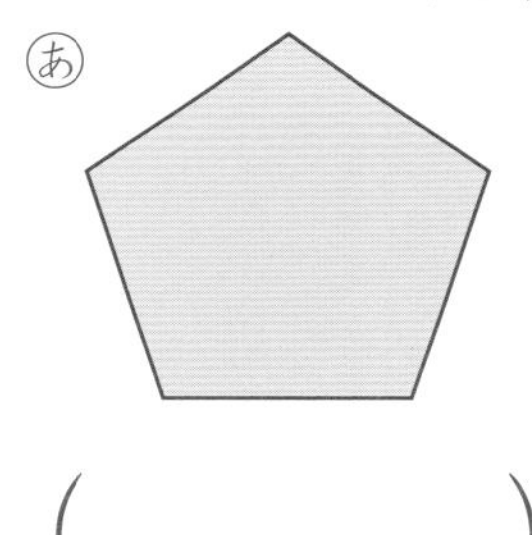
(　　　　)

㋑
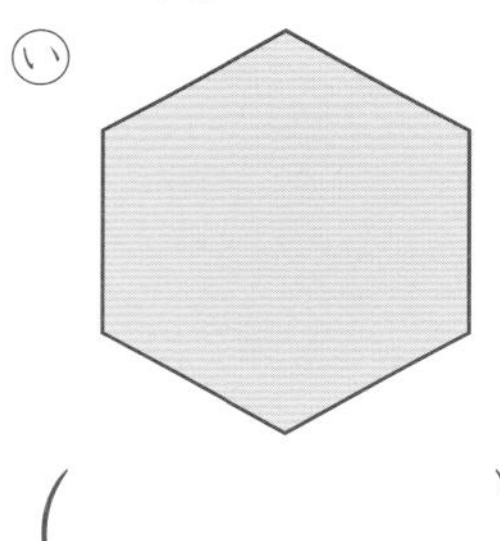
(　　　　)

㋒
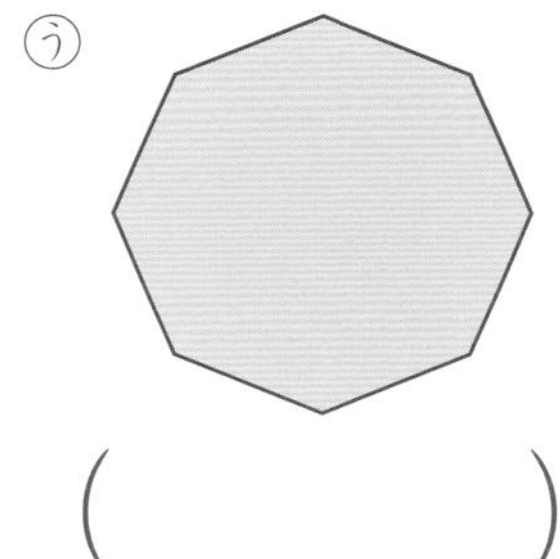
(　　　　)

〈正多角形のかき方〉

2 円を使って正六角形をかきます。次の問題に答えましょう。 〔1問　6点〕

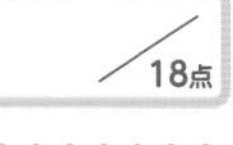

① 円の中心のまわりの角を何等分すればよいでしょうか。

(　　　　)

② 右の図の㋐の角度は何度ですか。

(　　　　)

③ 右に正六角形をかきましょう。

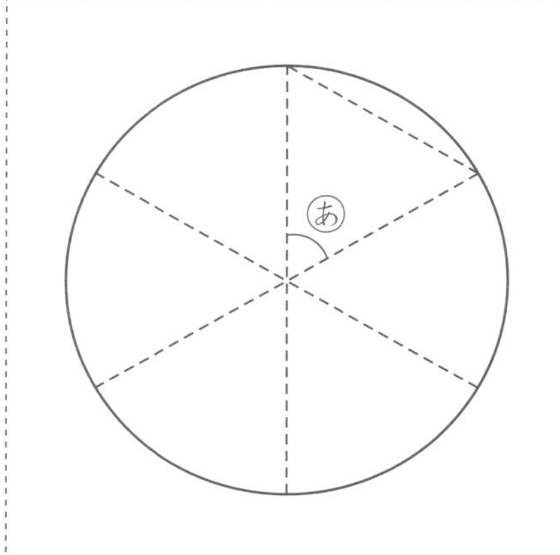

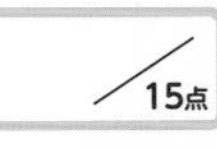

〈円周と円周率(えんしゅうりつ)〉

3 右の図を見て，次の問題に答えましょう。 〔1問　5点〕

① 右の図の（　）にあてはまることばを書きましょう。

直径

② 円のまわりの長さが直径の長さの何倍になっているかを表す数を何といいますか。（　　　）

③ ②の数は，ふつういくつを使いますか。$\frac{1}{100}$の位まで答えましょう。

（　　　）

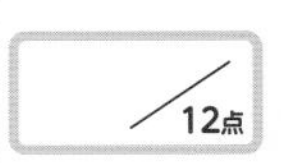

〈円周の求め方〉

4 右の図の円について，次の問題に答えましょう。 〔1問全部できて　6点〕

① 右の円の円周を求める次の式の□にあてはまる数を書きましょう。

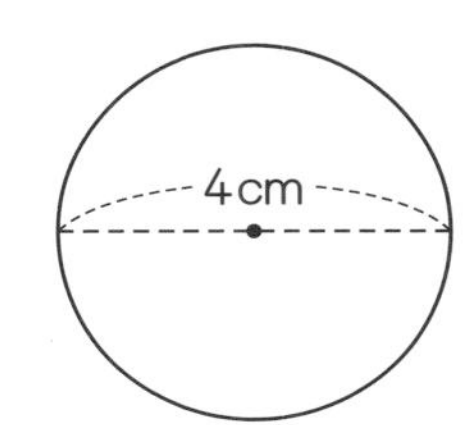

□ × □ = □

② 右の円の円周は何cmですか。（　　　）

〈円の直径と円周の関係〉

5 円の直径と円周の長さの変わり方を調べます。次の問題に答えましょう。

〔□，（　）1つ　5点〕

① 下の表に円周の長さを書きましょう。

直径（cm）	1	2	3	4	5
円周（cm）	3.14				

② 直径が1cmふえると，円周は何cmふえますか。

（　　　）

③ 直径が2倍，3倍になると，円周はそれぞれ何倍になりますか。

2倍…（　　　）　3倍…（　　　）

30 完成テスト

完成目標時間 30分

正多角形と円

●復習のめやす 基本テスト・関連ドリルなどでしっかり復習しよう！ 0点 70点 合格 100点

合計得点 ／100点

関連ドリル ●数・量・図形 P.59～62

1 右の図は，半径2cmの円の中心のまわりを等分して正五角形をかいたものです。次の問題に答えましょう。〔1問 7点〕

① 角㋐の大きさは何度ですか。

答え（　　　　）

② OA（オーエー）の長さは何cmですか。（　　　　）

③ 三角形OEA（イー）はどんな三角形ですか。（　　　　）

④ 角㋑の大きさは何度ですか。

答え（　　　　）

2 円の中心のまわりを等分して，正十角形をかきます。等分した１つの角の大きさを何度にすればよいでしょうか。〔8点〕

答え（　　　　）

3 右の円を使って，円の中心のまわりを等分するかき方で，正八角形をかきましょう。〔8点〕

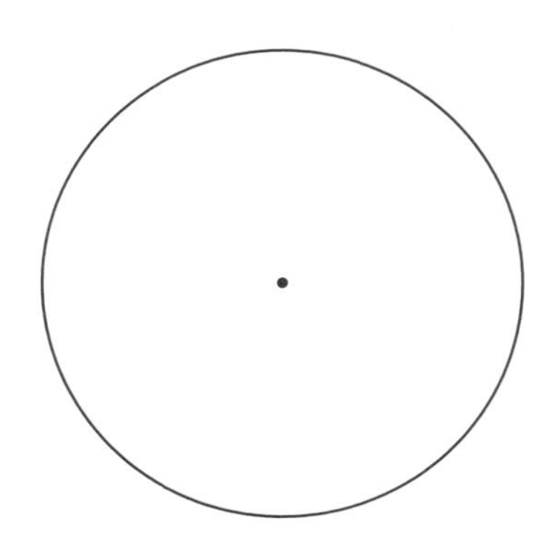

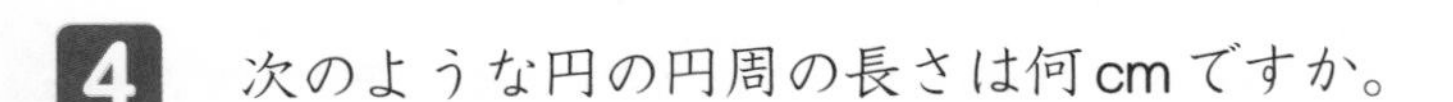

4 次のような円の円周の長さは何cmですか。 〔1問　8点〕

① 直径5cmの円

式

答え（　　　　　）

② 半径4cmの円

式

答え（　　　　　）

5 次のような図のまわりの長さは何cmですか。 〔1問　8点〕

①

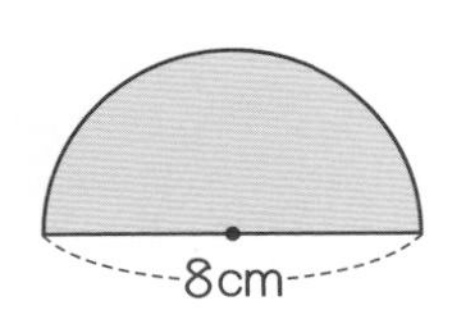

式

答え（　　　　　）

②

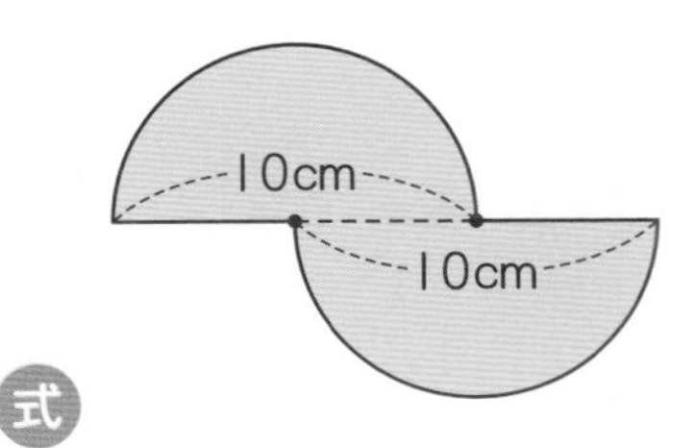

式

答え（　　　　　）

③

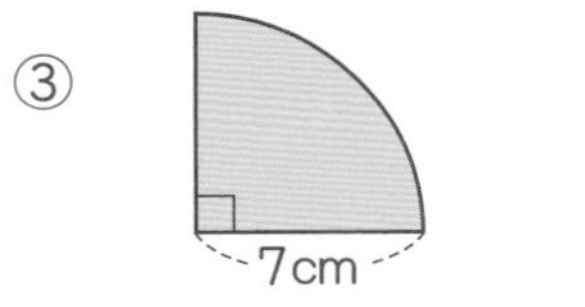

式

答え（　　　　　）

④

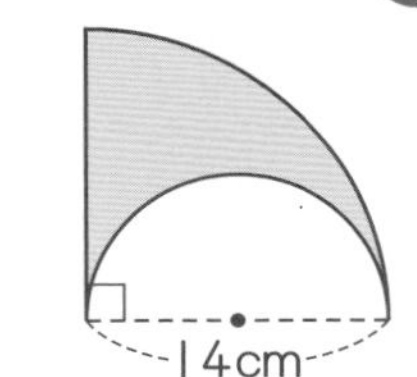

式

答え（　　　　　）

6 円の形をした花だんの，まわりの長さは約15mあります。この花だんの直径は約何mですか。四捨五入（ししゃごにゅう）して$\frac{1}{10}$の位までのがい数で求めましょう。 〔8点〕

式

答え（　　　　　）

立　体

基本の問題のチェックだよ。
できなかった問題は，しっかり学習してから
完成テストをやろう！

合計得点　／100点

関連ドリル　●数・量・図形　P.63～68

〈立体の名前〉

1

次の立体は何という立体ですか。（　）に名前を書きましょう。〔1問　4点〕

①（　　　）　②（　　　）　③（　　　）　④（　　　）

／16点　ぜんぶできたら　数・量・図形 63ページ

〈角柱・円柱の底面・側面・高さ〉

2

下の三角柱と円柱の図の（　）にあてはまることばを書きましょう。〔（　）1つ　4点〕

①
あ（　　　）
い（　　　）
う（　　　）
え（　　　）

②
あ（　　　）
い（　　　）
う（　　　）
え（　　　）

／32点　ぜんぶできたら　数・量・図形 64ページ

〈角柱の性質〉

3

下の角柱を見て，次の問題に答えましょう。〔1問　4点〕

① 角柱の2つの底面の多角形は合同ですか，合同ではありませんか。
（　　　）

② 角柱の2つの底面は平行ですか，垂直ですか。
（　　　）

③ 角柱の底面と側面は平行ですか，垂直ですか。
（　　　）

④ 角柱の側面はどんな形をしていますか。
（　　　）

／16点　ぜんぶできたら　数・量・図形 64ページ

〈円柱の性質〉

4

下の円柱を見て，次の問題に答えましょう。〔1問　4点〕

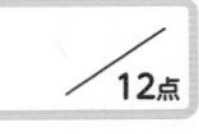

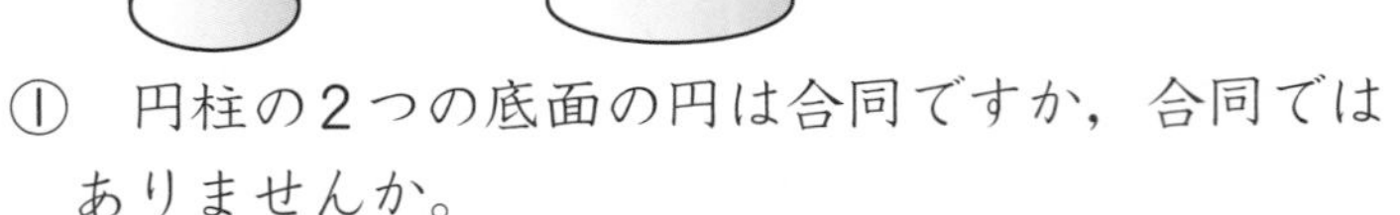

① 円柱の2つの底面の円は合同ですか，合同ではありませんか。（　　　　）

② 円柱の2つの底面は平行ですか，垂直ですか。（　　　　）

③ 円柱の側面は平面ですか，曲面ですか。（　　　　）

〈角柱の展開図〉

5

左の見取図で表される三角柱を，展開図に表します。正しいものには○，まちがっているものには×を書きましょう。〔（　）1つ　2点〕

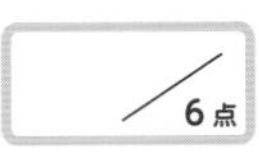

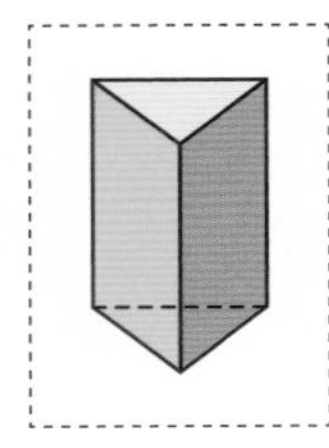

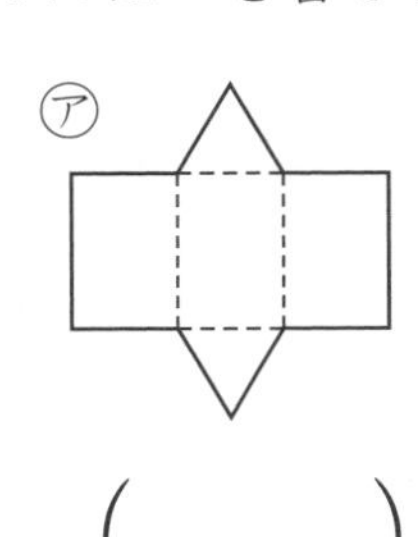

（　　　　）

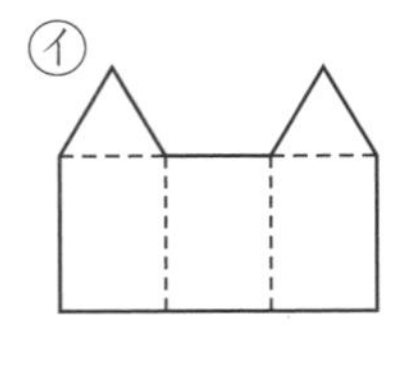

（　　　　）

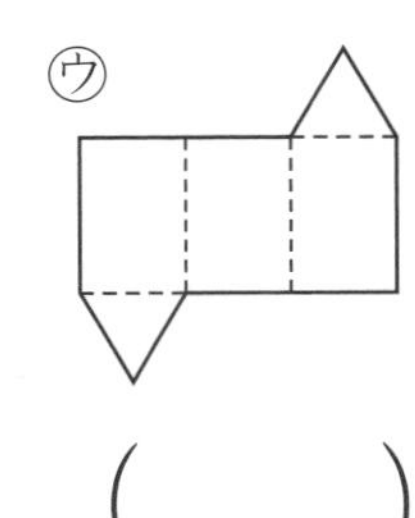

（　　　　）

〈円柱の展開図〉

6

右の図は，円柱の見取図と展開図です。次の問題に答えましょう。〔1問　6点〕

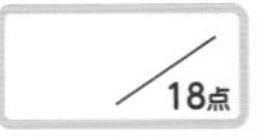

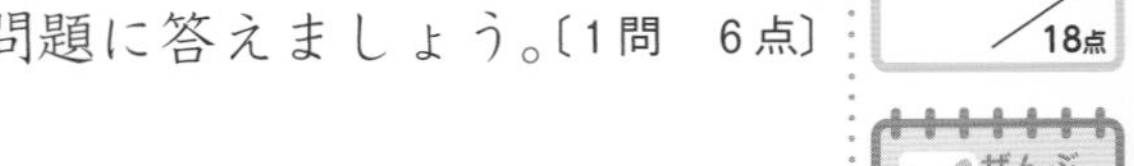

① 展開図の長方形ABCDは，底面と側面のどちらにあたりますか。

（　　　　）

② 展開図の辺ABの長さは，円柱の何にあたりますか。

（　　　　）

③ 展開図の辺ADの長さは，円柱の底面のどこの長さと同じですか。

（　　　　）

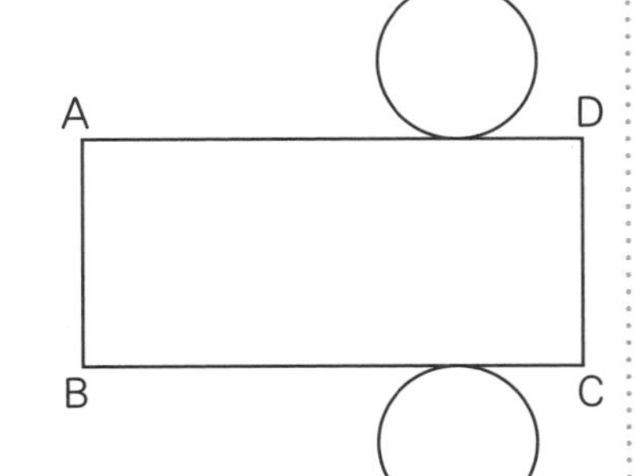

立　体

復習のめやす
基本テスト・関連ドリルなどでしっかり復習しよう！
0点　80点 合格　100点

合計得点　/100点

関連ドリル　●数・量・図形　P.63～68

1 右の図のような三角柱があります。次の問題に答えましょう。〔1問　5点〕

① 底面はどんな形ですか。 (　　　　)

② 底面はいくつありますか。 (　　　　)

③ 側面はどんな形ですか。 (　　　　)

④ 側面はいくつありますか。 (　　　　)

⑤ 頂点はいくつありますか。 (　　　　)

2 右の図のような五角柱があります。次の問題に答えましょう。〔1問　5点〕

① 底面はどんな形ですか。 (　　　　)

② 底面はいくつありますか。 (　　　　)

③ 側面はどんな形ですか。 (　　　　)

④ 側面はいくつありますか。 (　　　　)

⑤ 頂点はいくつありますか。 (　　　　)

3 右の展開図について，次の問題に答えましょう。〔1問　5点〕

① 展開図からどんな立体ができますか。

(　　　　)

② 辺ＡＤの長さは何cmですか。

式

答え (　　　　)

6cm
A　D
10cm
B　C

4 右の図のような円柱があります。次の問題に答えましょう。〔1問　5点〕

① 底面はどんな形ですか。（　　　　）

② この円柱の高さは何cmですか。（　　　　）

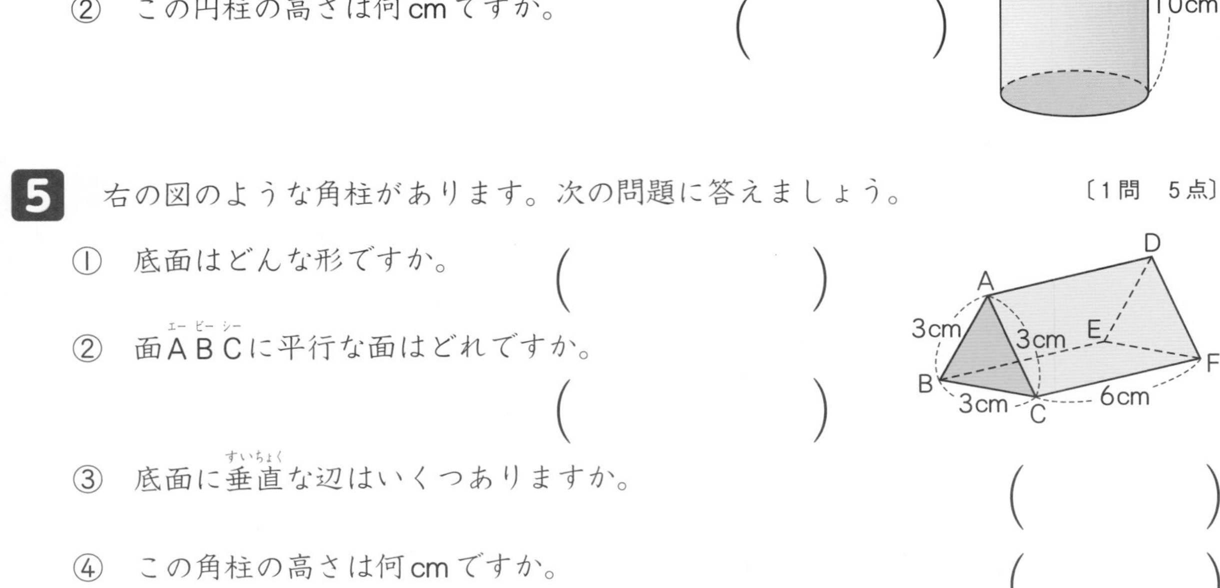

5 右の図のような角柱があります。次の問題に答えましょう。〔1問　5点〕

① 底面はどんな形ですか。（　　　　）

② 面ＡＢＣ（エー ビー シー）に平行な面はどれですか。（　　　　）

③ 底面に垂直（すいちょく）な辺はいくつありますか。（　　　　）

④ この角柱の高さは何cmですか。（　　　　）

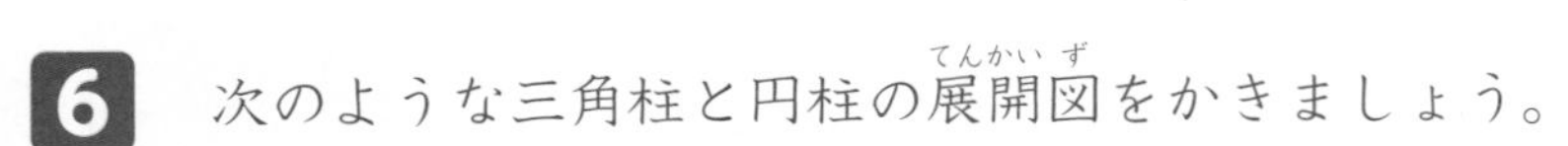

6 次のような三角柱と円柱の展開図（てんかいず）をかきましょう。〔1問　5点〕

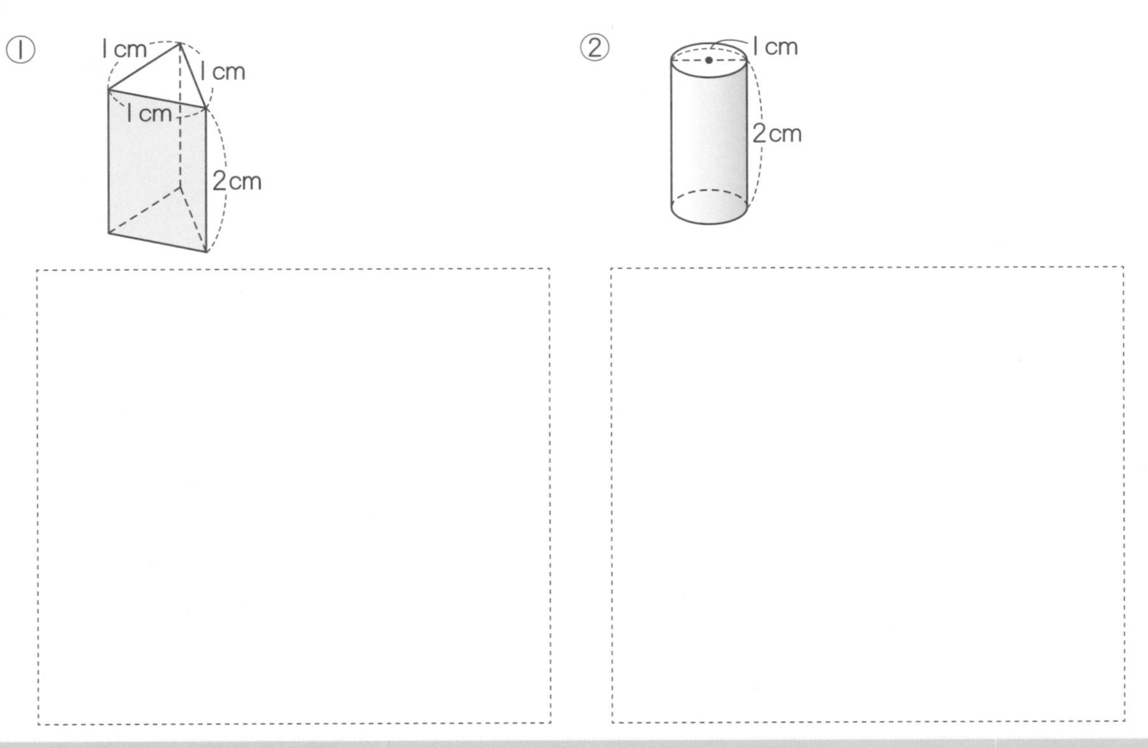

体積

基本の問題のチェックだよ。
できなかった問題は，しっかり学習してから完成テストをやろう！

合計得点 /100点

関連ドリル ●数・量・図形 P.69～78

〈体積と単位〉

1 1辺が1cmの立方体の体積は何cm^3ですか。〔6点〕

1cm 1cm 1cm

（　　　）

/6点 ぜんぶできたら 数・量・図形 69ページ

〈体積〉

2 1つが1cm^3の立方体の積み木を使って，直方体あと立方体いをつくりました。これを見て，次の問題に答えましょう。〔（ ）1つ　6点〕

① あといの体積は，それぞれ何cm^3ですか。

あ（　　　）　い（　　　）

あ 1cm^3　い 1cm^3

② 体積は，あといでは，どちらが何cm^3大きいでしょうか。

（　　　）

/18点 ぜんぶできたら 数・量・図形 69ページ

〈直方体の体積〉

3 右の図の直方体について，次の問題に答えましょう。〔1問全部できて　6点〕

① 右の直方体の体積を求めます。次の式の□にあてはまる数を書きましょう。

□ × □ × □ ＝ □

② 右の直方体の体積は何cm^3ですか。

2cm 3cm 1cm

（　　　）

/12点 ぜんぶできたら 数・量・図形 70ページ～

〈立方体の体積〉

4 右の図の立方体について，次の問題に答えましょう。〔1問全部できて　6点〕

① 右の立方体の体積を求めます。次の式の□にあてはまる数を書きましょう。

□ × □ × □ ＝ □

② 右の立方体の体積は何cm^3ですか。

2cm 2cm 2cm

（　　　）

/12点 ぜんぶできたら 数・量・図形 70ページ～

〈大きな体積の単位〉

5 次の問題に答えましょう。 〔① 6点，②1つ 4点〕

/18点

ぜんぶ できたら

数・量・図形 71ページ〜

① 右の立方体の体積は何m^3ですか。

1m 1m 1m

（　　　）

② 1kL＝1000Lです。次の□にあてはまる数を書きましょう。

100cm 100cm 100cm $1m^3$

㋐ $1m^3$＝□cm^3

㋑ $2m^3$＝□cm^3　　㋒ 1kL＝□m^3

〈容積（ようせき）〉

6 右の図のような直方体の形をした入れ物があります。次の問題に答えましょう。 〔①全部できて 6点，② 6点〕

/12点

ぜんぶ できたら

数・量・図形 77ページ〜

① 内のりのたて，横，深さはそれぞれ何cmですか。

10cm 6cm 9cm

たて（　　　）　横（　　　）

深さ（　　　）

② この入れ物に入る水の体積（容積）は何cm^3ですか。

式

答え（　　　）

〈Lとcm^3〉

7 1辺が10cmの立方体に入る水の量は1Lです。次の問題に答えましょう。 〔1問 6点〕

/12点

ぜんぶ できたら

数・量・図形 76ページ〜

① 右の図のようなますの容積は何cm^3ですか。

10cm 10cm 10cm

式

答え（　　　）

② 1Lは何cm^3ですか。

（　　　）

/10点

〈mLとcm^3〉

8 1L＝1000mLです。次の□にあてはまる数を書きましょう。 〔1問 5点〕

ぜんぶ できたら

① 1mL＝□cm^3　　② 2mL＝□cm^3

数・量・図形 76ページ〜

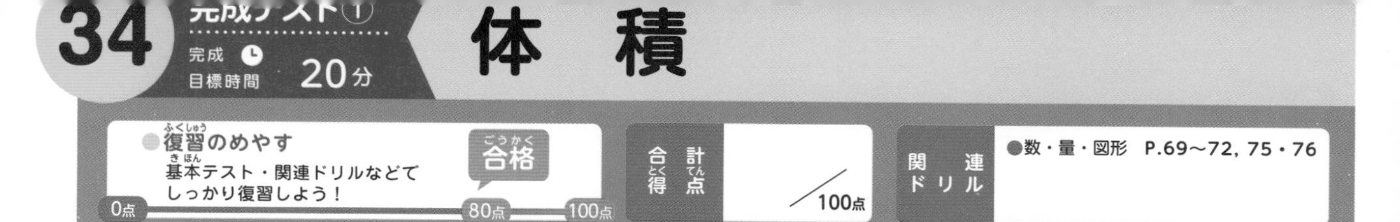

1 　１辺が１cmの立方体の積み木を使って，下のような形をつくりました。この形の体積は何cm³ですか。
〔7点〕

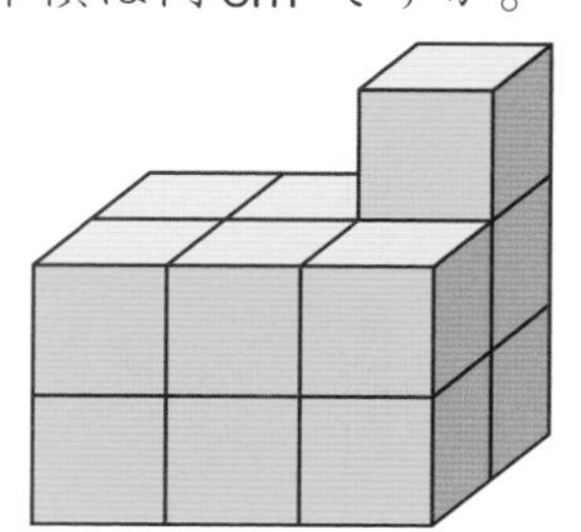

（　　　　　）

2 　次の直方体や立方体の体積は何cm³ですか。
〔1問　8点〕

①

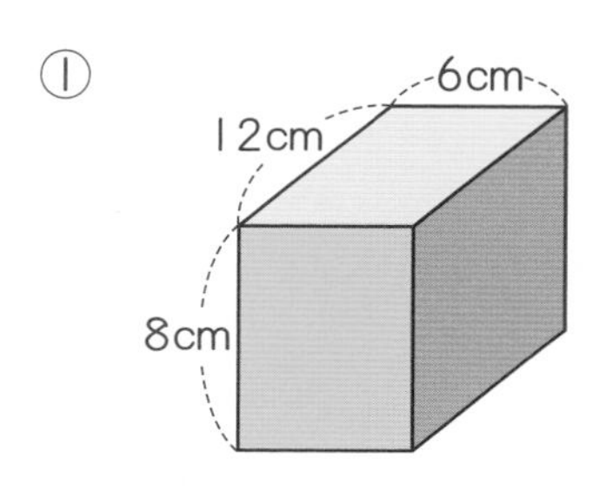

式

答え（　　　　　）

②

5cm
5cm
5cm

式

答え（　　　　　）

③

30cm
1m
90cm

式

答え（　　　　　）

④

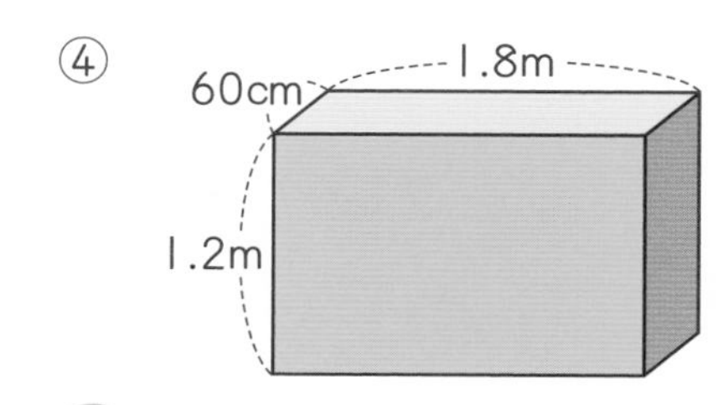

式

答え（　　　　　）

3 次の直方体や立方体の体積は何m³ですか。

〔1問　10点〕

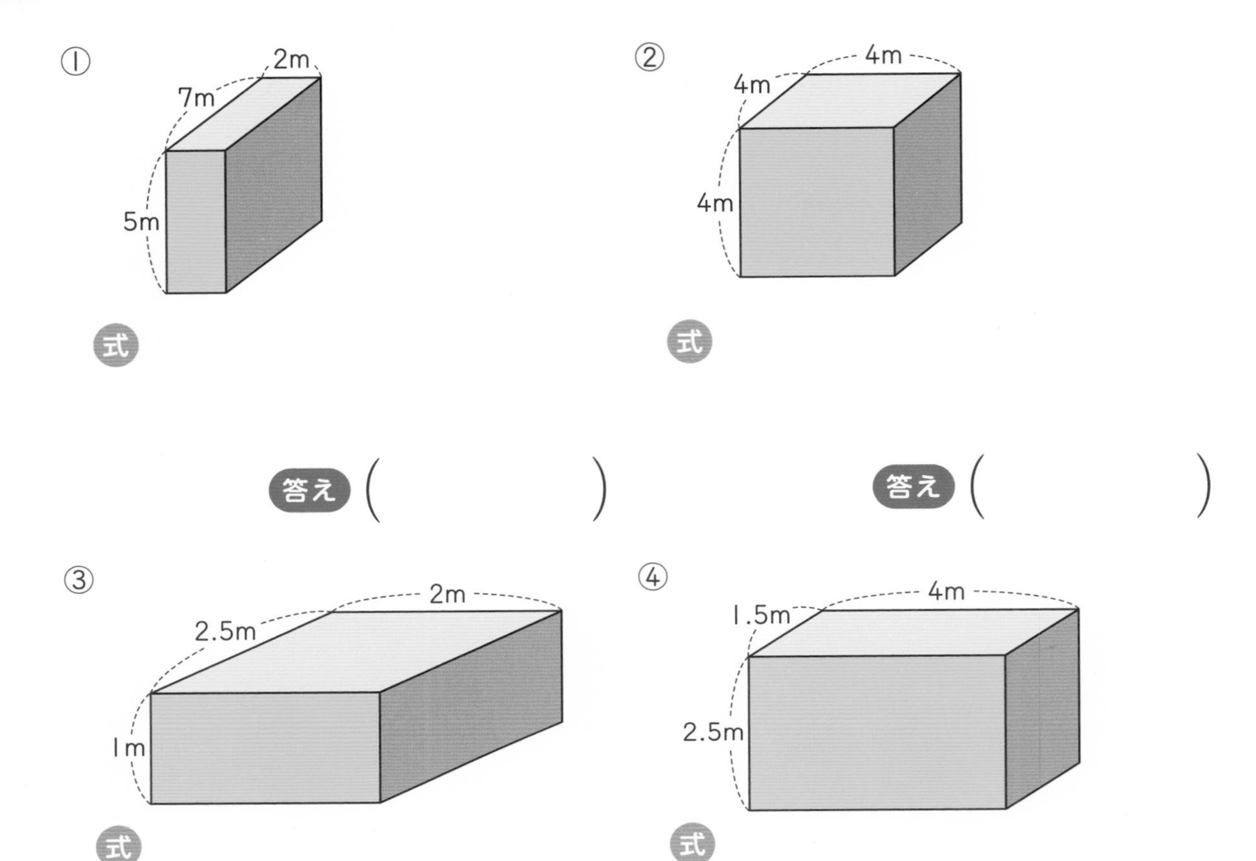

4 次の表の（　）をうめて，長さと体積の関係を完成させましょう。また，（　）にあてはまる数を書きましょう。

〔1つ　7点〕

㋑（　　　）倍

1辺の長さ	1 cm	10 cm	㋐（　　）m
立方体の体積	1 cm³ （1 mL）	1000 cm³ （1 L）	1 m³ （1 kL）

㋒（　　　）倍

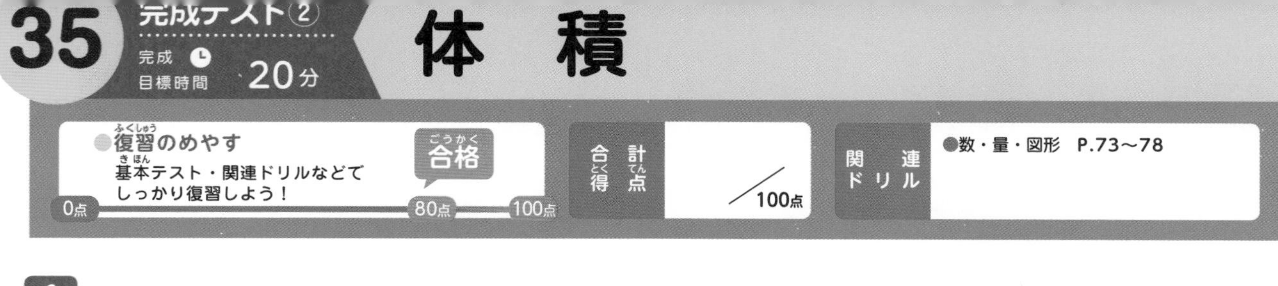

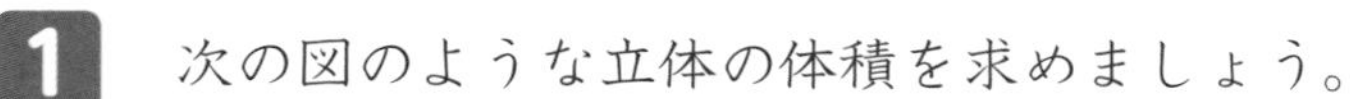

1 次の図のような立体の体積を求めましょう。〔1問　10点〕

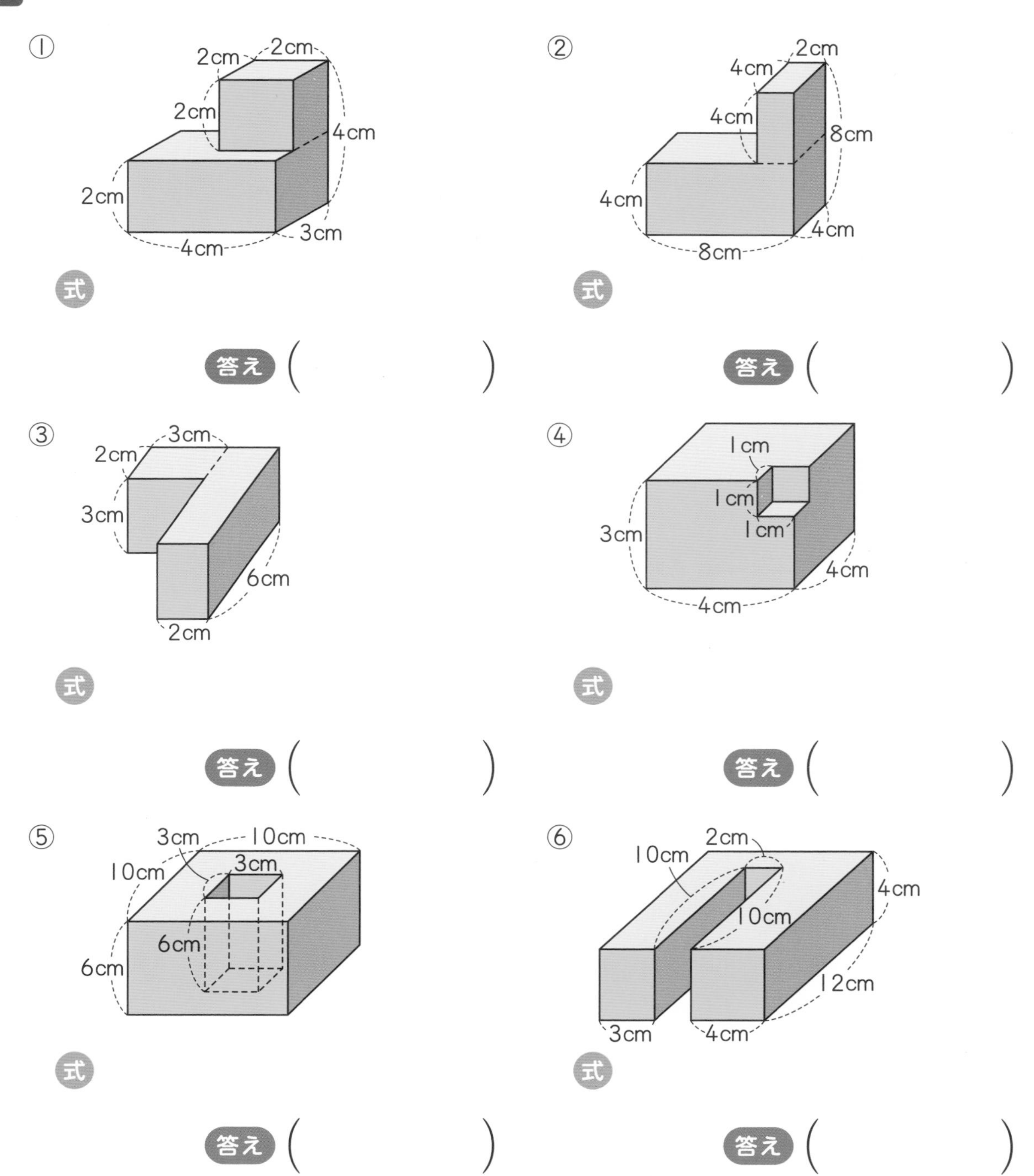

2 内のりが次の図のような形の水そうの容積(ようせき)は何Lですか。

〔1問 8点〕

①

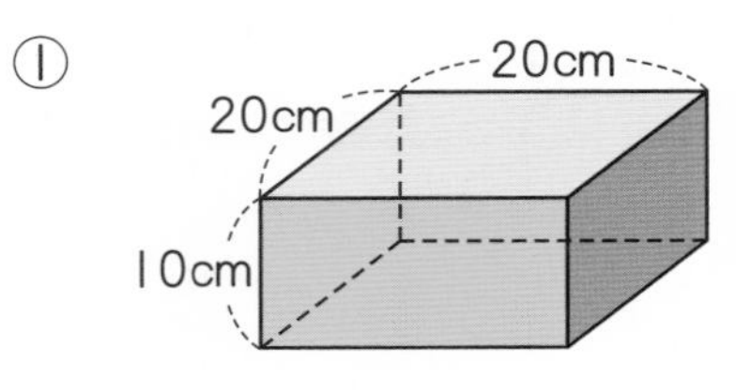

式

答え（　　　　　）

②

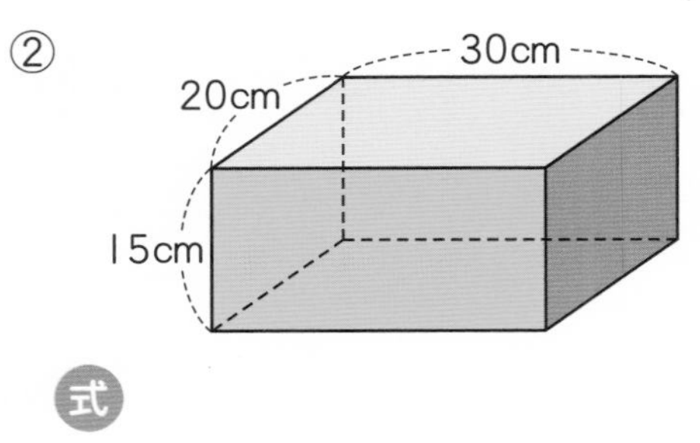

式

答え（　　　　　）

③

8cm
25cm
15cm

式

答え（　　　　　）

④

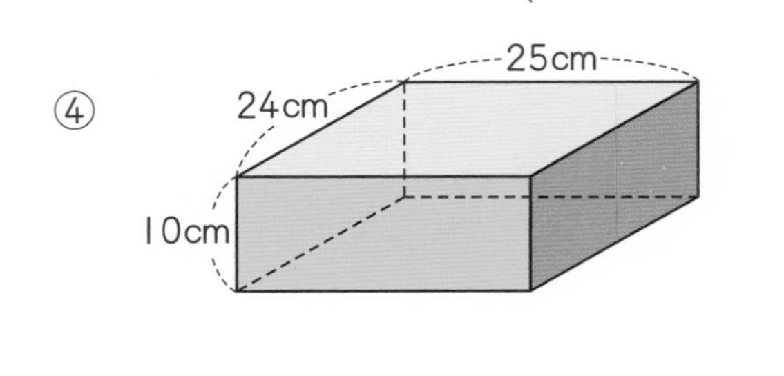

式

答え（　　　　　）

3 次の図のような展開図(てんかいず)をかいて，紙で箱をつくりました。箱の体積は何cm^3ですか。

〔8点〕

式

答え（　　　　　）

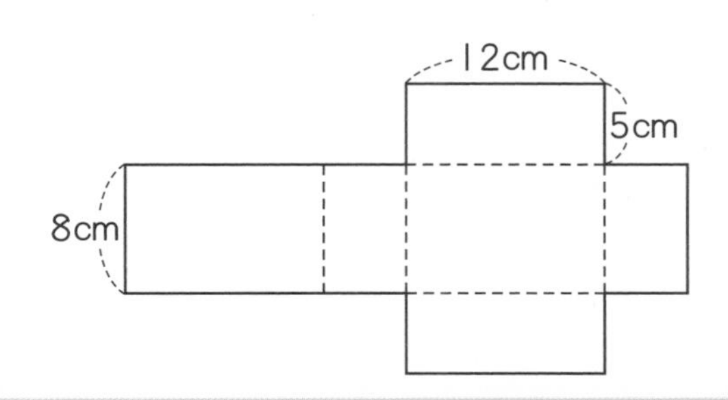

36 基本テスト 完成目標時間 20分

平均と単位量あたりの大きさ

基本の問題のチェックだよ。
できなかった問題は，しっかり学習してから
完成テストをやろう！

合計得点 ／100点

関連ドリル
●数・量・図形　P.79～86
●文章題　P.37～40

〈平均〉

1 たまご3この重さをはかったら，下のようになりました。次の問題に答えましょう。〔1問　8点〕

／24点

〔 62g　58g　63g 〕

① いくつかの数や量の合計をこ数でわって，大きさが同じになるようにならしたものを何といいますか。

(　　　　)

② たまご3この重さの合計は何gですか。

式

答え (　　　　)

③ たまごの重さの平均は何gですか。

式

答え (　　　　)

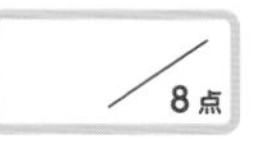

〈資料に0がある平均〉

2 右の表は，5年1組で先週図書館で借りた本のさっ数を調べたものです。1日平均何さつ借りたことになりますか。〔8点〕

／8点

式

借りた本のさっ数

曜日	月	火	水	木	金
さっ数	9	9	4	0	8

答え (　　　　)

〈平均から全体を求める〉

3 あすかさんは，物語の本を1日平均32ページ読み，4日間で読み終わりました。この物語は全部で何ページありましたか。〔8点〕

／8点

式

答え (　　　　)

〈単位量あたりの大きさ〉

4 5年生の花だんにヒヤシンスの花が植えてあります。１組と２組の花だんの面積と植えてあるヒヤシンスの花の本数は下の表のようになっています。どちらの組の花だんがこんでいるか考えます。〔(　)１つ　8点〕

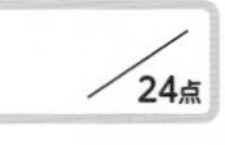

数・量・図形 83ページ～
文章題 39・40ページ

① １組と２組の面積１m^2あたりの花の本数を求めましょう。

花だんの面積と花の数

	面積(m^2)	本数(本)
１組	10	90
２組	8	68

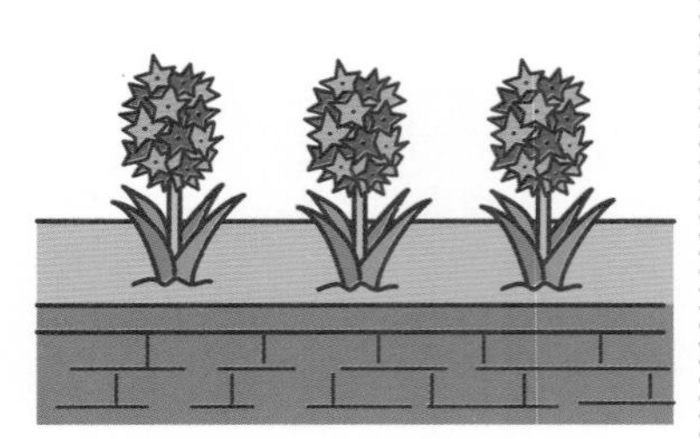

(１組) 式

答え (　　　　)

(２組) 式

答え (　　　　)

② １組と２組の花だんでは，どちらがこんでいますか。

(　　　　)

〈人口密度(みつど)〉

5 右の表は，A(エー)市とB(ビー)市の人口と面積を表したものです。次の問題に答えましょう。〔１問　9点〕

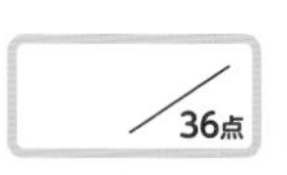

数・量・図形 83ページ～
文章題 39・40ページ

① １km^2あたりの人口を何といいますか。

A市とB市の人口と面積

	人口(人)	面積(km^2)
A市	75600	90
B市	61600	70

(　　　　)

② A市の１km^2あたりの人口は何人ですか。

式

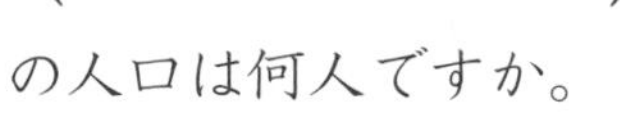
答え (　　　　)

③ B市の１km^2あたりの人口は何人ですか。

式

答え (　　　　)

④ A市とB市では，どちらが面積１km^2あたりの人口が多いでしょうか。

(　　　　)

1 たかしさんのグループ5人のそれぞれの身長は，138 cm，142 cm，140 cm，139 cm，146 cm です。このグループの5人の身長の平均は何 cm ですか。〔10点〕

式

答え（　　　）

2 まさみさんの家の近くで，道路の工事が行われていました。はじめの4日間は6台ずつ，次の3日間は5台ずつトラックが来ていました。1日平均約何台のトラックが来ていたことになりますか。答えは四捨五入して，$\frac{1}{10}$の位まで求めましょう。〔10点〕

式

答え（　　　）

3 みはるさんの1歩の長さ（歩はば）は，平均0.6 m だそうです。みはるさんは，家から学校まで720歩で歩いたそうです。みはるさんの家から学校までの道のりは約何 m ですか。答えは四捨五入して，上から2けたのがい数で求めましょう。〔10点〕

式

答え（　　　）

4 たまご5この重さの平均は61.5 g です。あと1こをいっしょにして重さの平均が61 g になるには，何 g のたまごがあればよいでしょうか。〔10点〕

式

答え（　　　）

5

右の表は，まさとさんの家とはるかさんの家の畑の面積とその畑からとれたじゃがいもの量を表したものです。〔(　)1つ　8点〕

① まさとさんの家の畑とはるかさんの家の畑では，1 m^2 あたりそれぞれ何kgとれましたか。

畑の面積とじゃがいもの量

	じゃがいもの量(kg)	面積(m^2)
まさとさんの家	72	40
はるかさんの家	57	30

式

答え

まさとさんの家の畑（　　　　　）　はるかさんの家の畑（　　　　　）

② 1 m^2 あたりでくらべると，どちらの家の畑のほうが多くとれましたか。

（　　　　　　　　）

6

A（エー）の自動車は40Lのガソリンで392km走りました。B（ビー）の自動車は35Lのガソリンで336km走りました。ガソリン1Lあたりでは，どちらの自動車のほうが長い道のりを走りましたか。〔12点〕

式

答え（　　　　　）

7

A町の面積は45 km^2 で人口は9240人，B町の面積は42 km^2 で人口は8685人です。人口密度（みつど）は，どちらの町のほうが高いでしょうか。〔12点〕

式

答え（　　　　　）

8

1 cm^3 あたりの重さが8.9gの銅（どう）があります。この銅60 cm^3 の重さは何gですか。〔12点〕

式

答え（　　　　　）

速　さ

基本の問題のチェックだよ。
できなかった問題は，しっかり学習してから
完成テストをやろう！

合計得点　／100点

関連ドリル ●数・量・図形　P.87〜90

〈速さ〉

1 右の表は，あきらさんとゆうきさんが歩いた道のりと時間を表したものです。次の問題に答えましょう。〔(　)1つ　8点〕

／24点

ぜんぶできたら

数・量・図形 87ページ〜

歩いた道のりと時間

	道のり(m)	時間(分)
あきら	350	5
ゆうき	390	6

① あきらさんとゆうきさんの１分間あたりに歩いた道のりを求めましょう。

（あきら）

式

答え（　　　）

（ゆうき）

式

答え（　　　）

② あきらさんとゆうきさんのどちらが速く歩きましたか。

（　　　）

〈速さの表し方〉

2 次の問題に答えましょう。〔(　)1つ　4点〕

／16点

ぜんぶできたら

数・量・図形 88ページ〜

① 次のそれぞれの速さを何といいますか。

㋐ １時間に進む道のりで表した速さ（　　　）

㋑ １分間に進む道のりで表した速さ（　　　）

㋒ １秒間に進む道のりで表した速さ（　　　）

② １時間に40 kmの道のりを進む速さは，時速何kmですか。

（　　　）

〈速さを求める〉

3 100kmの道のりを2時間で走った自動車があります。次の問題に答えましょう。

〔1問全部できて　10点〕

① この自動車の速さを求める次の式の□にあてはまる数を書きましょう。

□ ÷ □ ＝ □

② この自動車の速さは時速何kmですか。

（　　　　　）

〈道のりを求める〉

4 時速80kmで3時間走った電車があります。次の問題に答えましょう。

〔1問全部できて　10点〕

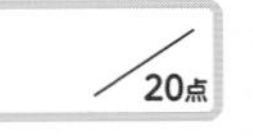

① この電車が走った道のりを求める次の式の□にあてはまる数を書きましょう。

□ × □ ＝ □

② この電車が走った道のりは何kmですか。

（　　　　　）

〈時間を求める〉

5 12kmの道のりを時速3kmで歩きます。次の問題に答えましょう。

〔1問全部できて　10点〕

① かかる時間を求める次の式の□にあてはまる数を書きましょう。

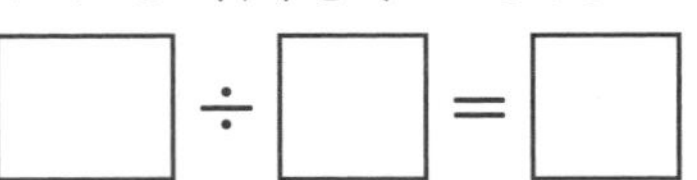

□ ÷ □ ＝ □

② かかる時間は何時間ですか。

（　　　　　）

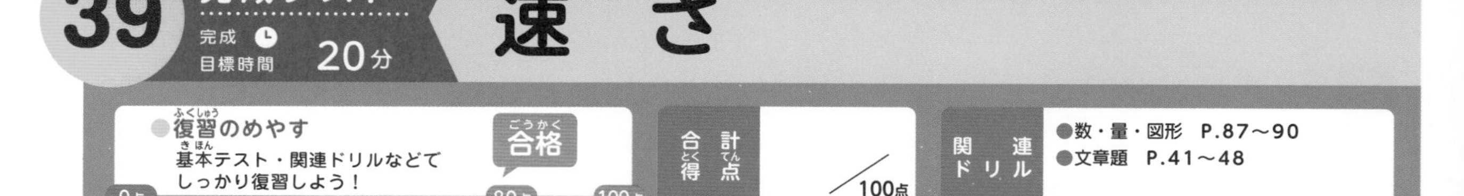

1 自転車で15分間に3300mで走りました。この自転車は分速何mで走ったことになりますか。 〔10点〕

答え（　　　　）

2 ゆうとさんのお父さんが高速道路を自動車で走っています。お父さんの自動車は，120kmの道のりを1.5時間で走りました。時速何kmで走ったことになりますか。〔12点〕

式

答え（　　　　）

3 たくみさんは50mを7.4秒で走りました。たくみさんは，秒速約何mで走ったことになりますか。答えは四捨五入して$\frac{1}{10}$の位までのがい数で求めましょう。 〔12点〕

答え（　　　　）

4 ひかりさんの自転車は，秒速4mで走っています。分速何mですか。 〔10点〕

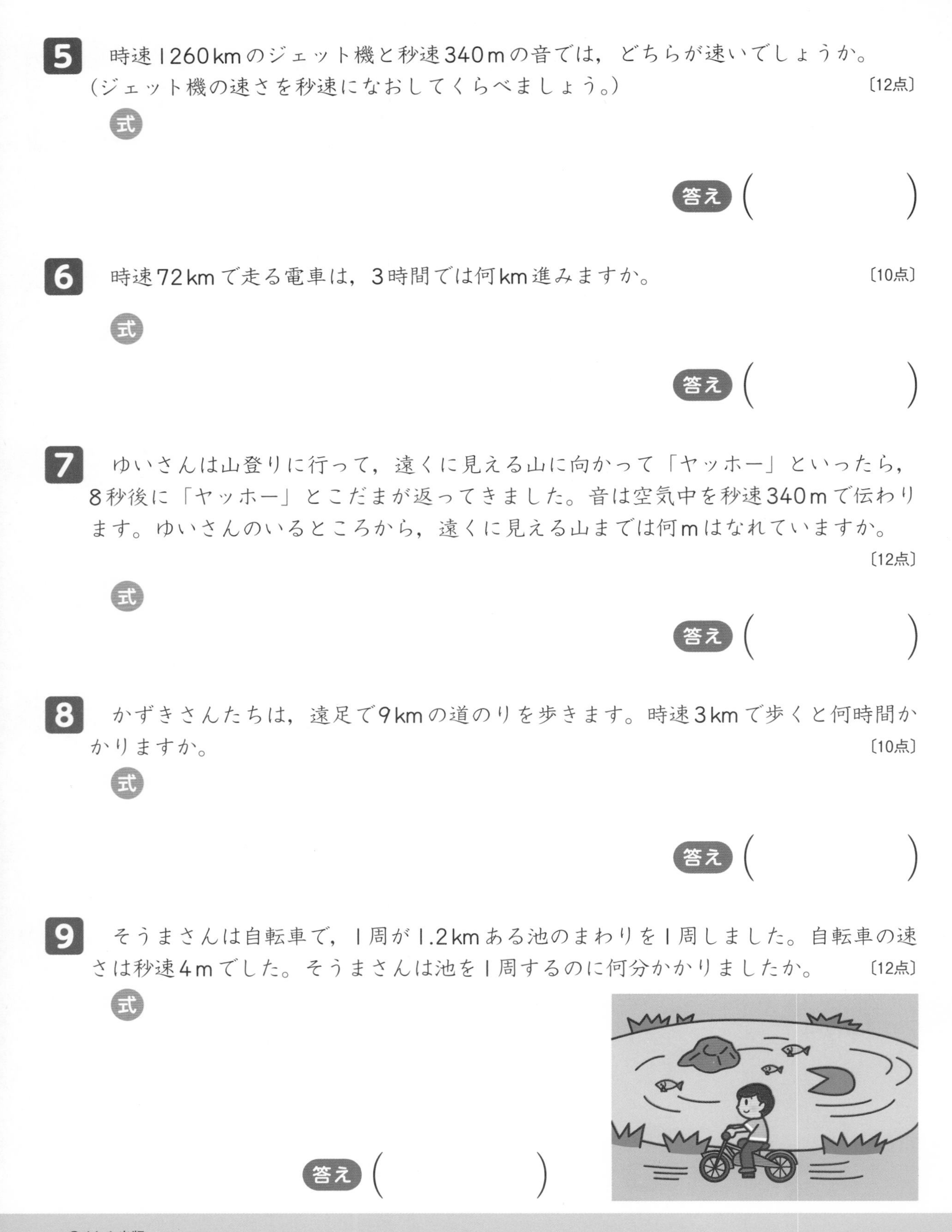

5 時速1260kmのジェット機と秒速340mの音では，どちらが速いでしょうか。（ジェット機の速さを秒速になおしてくらべましょう。） 〔12点〕

式

答え（　　　　）

6 時速72kmで走る電車は，3時間では何km進みますか。 〔10点〕

式

答え（　　　　）

7 ゆいさんは山登りに行って，遠くに見える山に向かって「ヤッホー」といったら，8秒後に「ヤッホー」とこだまが返ってきました。音は空気中を秒速340mで伝わります。ゆいさんのいるところから，遠くに見える山までは何mはなれていますか。 〔12点〕

式

答え（　　　　）

8 かずきさんたちは，遠足で9kmの道のりを歩きます。時速3kmで歩くと何時間かかりますか。 〔10点〕

式

答え（　　　　）

9 そうまさんは自転車で，1周が1.2kmある池のまわりを1周しました。自転車の速さは秒速4mでした。そうまさんは池を1周するのに何分かかりましたか。 〔12点〕

式

答え（　　　　）

ともに変わる２つの数量

基本の問題のチェックだよ。
できなかった問題は，しっかり学習してから
完成テストをやろう！

合計得点　／100点

関連ドリル　●数・量・図形　P.91～94

〈変わり方を式に表す〉

1　60円の消しゴム１こと，１本80円のえん筆を何本か買います。次の問題に答えましょう。〔１問全部できて　５点〕

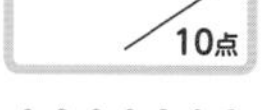

①　買ったえん筆の数を△本，全部の代金を○円として，△と○の関係を表します。次の式の□にあてはまる数を書きましょう。

○＝□＋□×△

②　えん筆を６本買うと，代金はいくらですか。

答え（　　　　　）

〈変わり方を表と式に表す〉

2　長さの等しいぼうを使って，下の図のように正三角形を横にならべていきます。次の問題に答えましょう。〔１問全部できて　10点〕

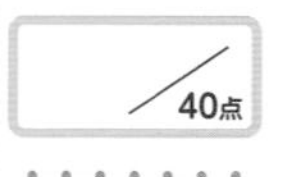

△ → ▽ → △▽△ → ……

①　正三角形の数とぼうの数の関係を表にまとめます。下の表のあいているところにあてはまる数を書きましょう。

正三角形の数△（こ）	１	２	３	４	５
ぼうの数○（本）	３	５			

②　正三角形の数が１こふえると，ぼうの数は何本ふえますか。（　　　　　）

③　正三角形の数を△こ，ぼうの数を○本として，△と○の関係を式に表します。次の式の□にあてはまる数を書きましょう。

④　正三角形の数が10このとき，ぼうの数は何本ですか。

答え（　　　　　）

〈比例(ひれい)の関係〉

3 下の表は，水そうに１分間に３Ｌずつ水を入れるときの，入れる時間とたまる水の量を表したものです。次の問題に答えましょう。〔１問全部できて　10点〕

（１→２：２倍，１→３：３倍，１→４：４倍）

時　間△（分）	1	2	3	4	5	6
水の量○（Ｌ）	3	6	9	12	15	18

（３→６：ア倍，３→９：イ倍，３→12：ウ倍）

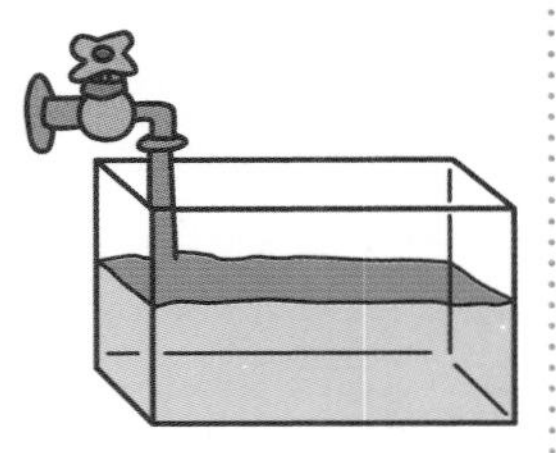

① 水を入れる時間が１分から２分，１分から３分，１分から４分のように２倍，３倍，４倍になると水の量はどうなりますか。上の表の**ア～ウ**にあてはまる数を求めましょう。

ア（　　　）イ（　　　）ウ（　　　）

② 水を入れる時間が２分から４分，２分から６分のように２倍，３倍になると，水の量はそれぞれ何倍になりますか。

２分から４分のとき（　　　）

２分から６分のとき（　　　）

③ 水の量は時間に比例しますか，比例しませんか。

（　　　）

④ 水を入れる時間が12分のとき，水の量は何Ｌですか。

（　　　）

⑤ 水を入れる時間を△分，水の量を○Ｌとして，△と○の関係を式に表しましょう。

（○＝　　　）

50点

ぜんぶできたら

数・量・図形 91ページ～

41 完成テスト ともに変わる２つの数量

完成目標時間 20分

●復習のめやす
基本テスト・関連ドリルなどでしっかり復習しよう！
合格 0点 80点 100点

合計得点 ／100点

関連ドリル ●数・量・図形 P.91～94

1 次のそれぞれの場合に，○と△の関係を式に表しましょう。〔1問6点〕

① たん生日が同じ，はるとさんの年れい○才と，3才年上のお兄さんの年れい△才の関係

（　　　　　　）

② 100gの入れものに20gのおもりを入れるときの，おもり○この重さと，全体の重さ△gの関係

（　　　　　　）

③ 高さ6cmの平行四辺形の，底辺の長さ○cmと，面積△cm²の関係

（　　　　　　）

2 下の図のように，長さの等しいぼうを使って正方形を横にならべていきます。次の問題に答えましょう。〔1問全部できて　6点〕

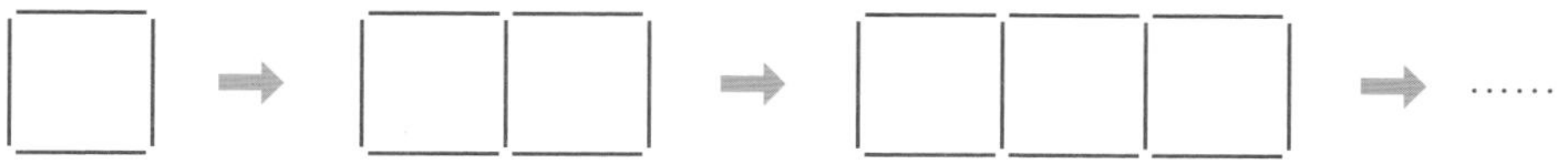

□ → □□ → □□□ → ……

① 下の表のあいているところにあてはまる数を書き，正方形の数とぼうの数の関係を表にまとめましょう。

正方形の数△(こ)	1	2	3	4	5	6
ぼうの数○(本)						

② 正方形の数を△こ，ぼうの数を○本として，△と○の関係を式に表しましょう。

（　　　　　　）

③ 正方形の数が20このとき，ぼうの数は何本ですか。

（　　　　　　）

3 次の表は，ともに変わる2つの数量の関係を調べたものです。2つの数量が比例(ひれい)しているものを全部選んで記号で答えましょう。 〔全部できて　10点〕

㋐ 1mのねだんが80円のリボンを買うときの，リボンの長さと代金

リボンの長さ(m)	1	2	3	4	5
代金(円)	80	160	240	320	400

㋑ 1分間に2Lずつ水を入れるときの，入れる時間とたまる水の量

時間(分)	1	2	3	4	5
水の量(L)	2	4	6	8	10

㋒ まわりの長さが20cmの長方形のたての長さと横の長さ

たての長さ(cm)	1	2	3	4	5
横の長さ(cm)	9	8	7	6	5

(　　　　　)

4 下の表は，階だんのだんの数と全体の高さの関係を調べたものです。次の問題に答えましょう。 〔①②(　)1つできて　6点，③～⑤1問　10点〕

だんの数△(だん)	1	2	3	4	5	6	7
全体の高さ○(cm)	20	40	60	㋐	100	㋑	㋒

① 全体の高さは，だんの数に比例しますか，比例しませんか。

(　　　　　)

② 上の表の㋐～㋒にあてはまる数を書きましょう。

㋐(　　　　)　㋑(　　　　)　㋒(　　　　)

③ だんの数を△だん，全体の高さを○cmとして，△と○の関係を式に表しましょう。

(　　　　　)

④ だんの数が15だんのとき，全体の高さは何cmですか。

(　　　　　)

⑤ 全体の高さが280cmのとき，だんの数は何だんですか。

(　　　　　)

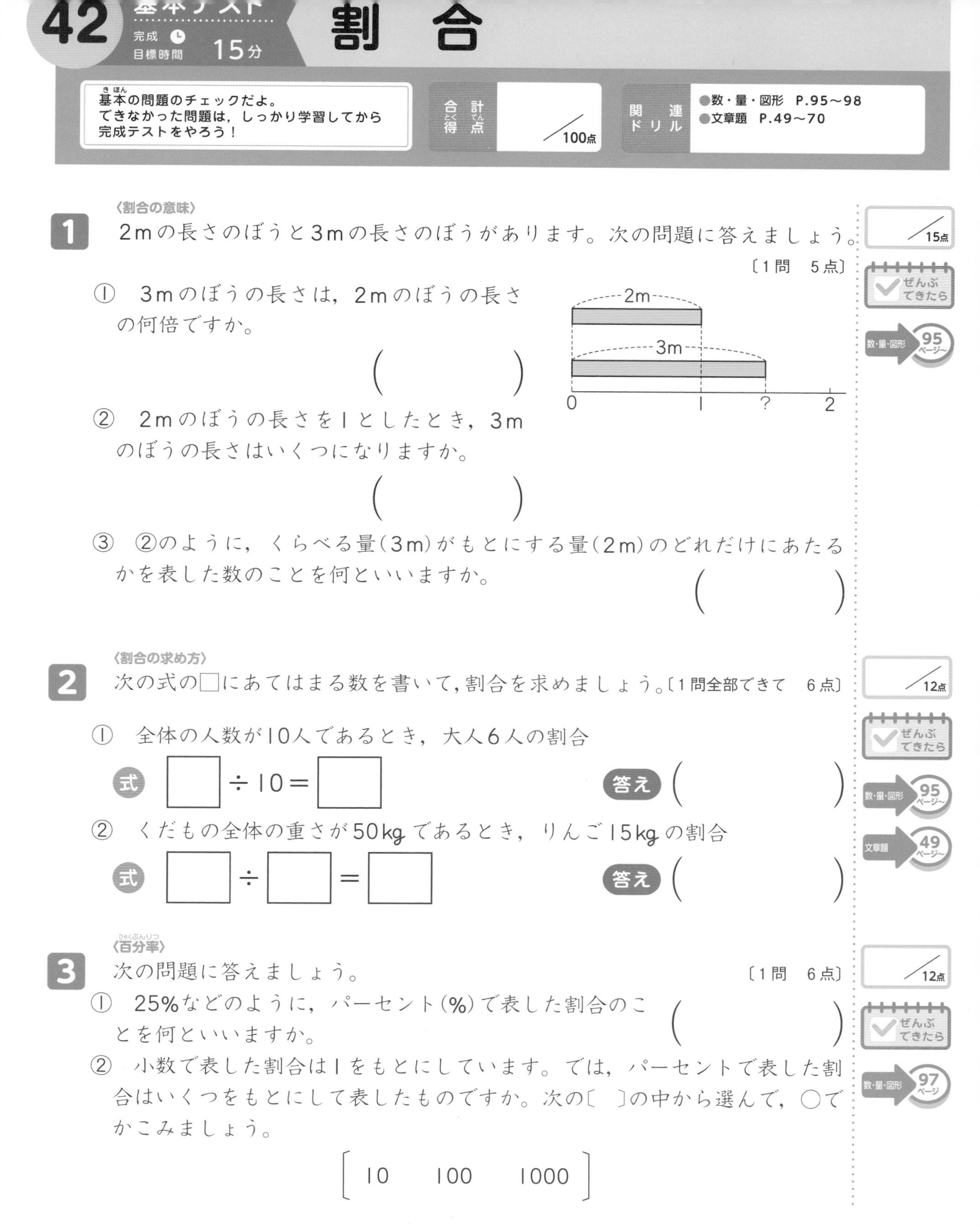

42 基本テスト 割合

完成目標時間 15分

基本（きほん）の問題のチェックだよ。
できなかった問題は，しっかり学習してから
完成テストをやろう！

合計得点（とくてん） ／100点

関連ドリル
●数・量・図形　P.95〜98
●文章題　P.49〜70

〈割合の意味〉

1 2mの長さのぼうと3mの長さのぼうがあります。次の問題に答えましょう。 ／15点

〔1問　5点〕

① 3mのぼうの長さは，2mのぼうの長さの何倍ですか。

（　　　　）

② 2mのぼうの長さを1としたとき，3mのぼうの長さはいくつになりますか。

（　　　　）

③ ②のように，くらべる量(3m)がもとにする量(2m)のどれだけにあたるかを表した数のことを何といいますか。

（　　　　）

ぜんぶできたら　数・量・図形 95ページ〜

〈割合の求め方〉

2 次の式の□にあてはまる数を書いて，割合を求めましょう。〔1問全部できて　6点〕 ／12点

① 全体の人数が10人であるとき，大人6人の割合

式 □÷10＝□　　答え（　　　　）

② くだもの全体の重さが50kgであるとき，りんご15kgの割合

式 □÷□＝□　　答え（　　　　）

ぜんぶできたら　数・量・図形 95ページ〜　文章題 49ページ〜

〈百分率（ひゃくぶんりつ）〉

3 次の問題に答えましょう。〔1問　6点〕 ／12点

① 25%などのように，パーセント(%)で表した割合のことを何といいますか。

（　　　　）

② 小数で表した割合は1をもとにしています。では，パーセントで表した割合はいくつをもとにして表したものですか。次の〔　〕の中から選んで，○でかこみましょう。

〔 10　　100　　1000 〕

ぜんぶできたら　数・量・図形 97ページ

〈小数で表した割合と百分率〉

4 次の問題に答えましょう。 〔1問 6点〕

/18点

ぜんぶできたら

数・量・図形 97ページ

① 割合を表す0.01は，百分率で表すと何%ですか。 (　　　　)

② 割合を表す0.1は，百分率で表すと何%ですか。 (　　　　)

③ 割合を表す1は，百分率で表すと何%ですか。 (　　　　)

〈歩合〉

5 次の問題に答えましょう。 〔1問 5点〕

/25点

ぜんぶできたら

数・量・図形 98ページ

① 3割2分5厘などのように，割，分，厘を使って表した割合のことを何といいますか。 (　　　　)

② 割合を表す0.001は，歩合で表すと何厘ですか。 (　　　　)

③ 割合を表す0.01は，歩合で表すと何分ですか。 (　　　　)

④ 割合を表す0.1は，歩合で表すと何割ですか。 (　　　　)

⑤ 割合を表す1は，歩合で表すと何割ですか。 (　　　　)

〈くらべる量の求め方〉

6 次の式の□にあてはまる数を書いて，くらべる量を求めましょう。 〔1問全部できて 6点〕

/12点

ぜんぶできたら

文章題 51ページ～

① 35kgの0.8にあたる重さ

式 □×0.8＝□

答え (　　　　)

② 50人の1.2にあたる人数

式 □×□＝□

答え (　　　　)

〈もとにする量の求め方〉

7 バスに乗っている人は24人で，これは定員の0.6にあたります。バスの定員を，次の式の□にあてはまる数を書いて求めましょう。 〔全部できて 6点〕

/6点

ぜんぶできたら

文章題 53ページ～

式 □÷0.6＝□

答え (　　　　)

割合

復習のめやす
基本テスト・関連ドリルなどでしっかり復習しよう！
0点 80点 合格 100点

合計得点 　／100点

関連ドリル
●数・量・図形 P.95～98
●文章題 P.49～70

1 次の小数で表した割合を百分率で表しましょう。〔1問　5点〕

① 0.09　(　　　　)
② 0.16　(　　　　)
③ 1.3　(　　　　)

2 次の百分率で表した割合を小数で表しましょう。〔1問　5点〕

① 12%　(　　　　)
② 60%　(　　　　)
③ 250%　(　　　　)

3 次の割合を〔　〕の表し方で書きましょう。〔1問　5点〕

① 0.25〔歩合〕(　　　　)
② 0.087〔歩合〕(　　　　)
③ 3割2分〔小数〕(　　　　)
④ 2割1厘〔小数〕(　　　　)

4 天文クラブの定員は15人です。希望調査をしたら，希望者が12人いました。天文クラブの希望者の数は，定員のどれだけの割合ですか。〔6点〕

式

答え (　　　　)

5 ひろとさんの町内会は，全部で160人います。大人は，全部の人数の0.6にあたるそうです。大人は何人ですか。〔6点〕

式

答え (　　　　)

6 たくみさんの学級の人数は40人で，そのうち虫歯のある人は16人です。虫歯のある人は，学級全体の何%ですか。〔6点〕

式

答え（　　　　）

7 ゆいさんの今年の4月の体重は40.2kgでした。これは，去年の4月の体重の120%にあたります。ゆいさんの去年の4月の体重は何kgでしたか。〔8点〕

式

答え（　　　　）

8 180gの水に食塩20gをとかして，200gの食塩水をつくりました。とかした食塩の重さは，食塩水全体の重さの何%になりますか。〔8点〕

式

答え（　　　　）

9 300円で仕入れたしょう油に，仕入れたねだんの15%のもうけがあるように定価（ていか）をつけようと思います。定価は何円にすればよいでしょうか。〔8点〕

式

答え（　　　　）

10 定価の1割（わり）5分（ぶ）引きでシャツを買い，2380円はらいました。このシャツの定価は何円ですか。〔8点〕

式

答え（　　　　）

44 基本テスト 帯グラフと円グラフ

完成目標時間 20分

基本の問題のチェックだよ。
できなかった問題は，しっかり学習してから
完成テストをやろう！

合計得点 /100点

関連ドリル ●数・量・図形 P.99〜108

〈帯グラフの見方〉

1 下の帯グラフは，ある県の土地利用の割合を表したものです。次の問題に答えましょう。〔1問 6点〕

/24点

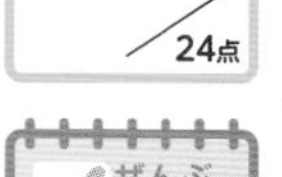

土地利用の割合

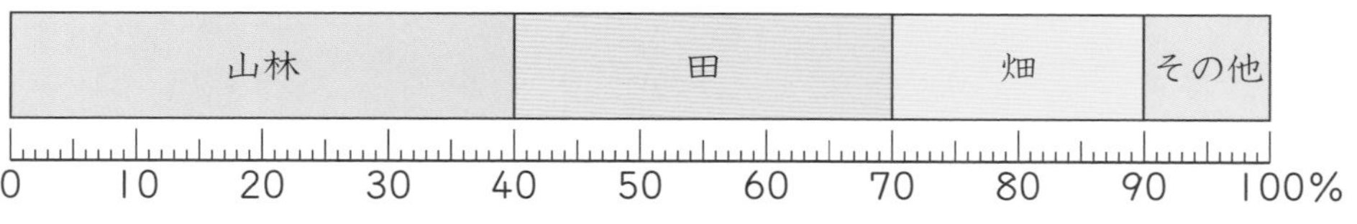

① グラフの1目もりは，何%を表していますか。 (　　　　)

② 山林の割合は全体の何%ですか。 (　　　　)

③ 田の割合は全体の何%ですか。 (　　　　)

④ 山林，田，畑，その他のうち，全体に対する割合がいちばん多いのはどれですか。 (　　　　)

〈円グラフの見方〉

2 右の円グラフは，学校の前を1時間の間に通った乗り物について，種類別の台数の割合を表したものです。次の問題に答えましょう。〔1問 5点〕

/20点

ぜんぶ
できたら

乗り物の台数の割合

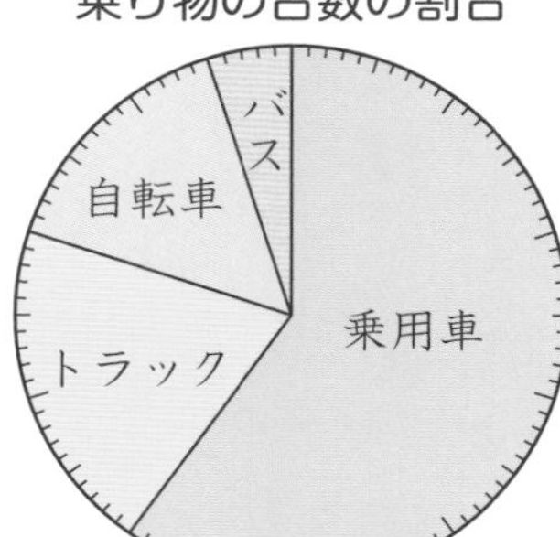

① グラフの1目もりは，何%を表していますか。 (　　　　)

② 乗用車の割合は全体の何%ですか。 (　　　　)

③ トラックの割合は全体の何%ですか。 (　　　　)

④ 乗用車，トラック，自転車，バスのうち，全体に対する割合がいちばん多いのはどれですか。 (　　　　)

〈全体に対する割合を百分率で表す〉

3 右の表は，はるなさんの組の人の好きな本の種類とその割合を表したものです。次の問題に答えましょう。〔1問全部できて　8点〕

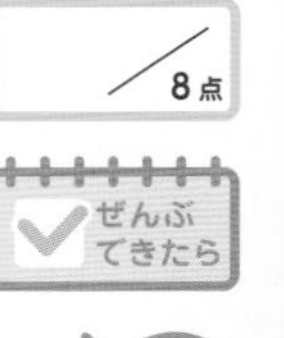

① 童話が全体のどれだけの割合かを百分率で求めます。次の式の□にあてはまる数を書きましょう。

18÷□×100＝□（%）

② 文学の全体に対する割合を，①と同じようにして求めましょう。百分率は$\frac{1}{10}$の位を四捨五入して整数で答えましょう。（　　）

③ 種類別の百分率の合計は何%になりますか。（　　）

好きな本の種類とその割合

種類	人数（人）	百分率（%）
童話	18	（　　）
文学	13	（　　）
科学	5	13
社会	4	10
合計	40	（　　）

④ 百分率の合計を100%にするためには，どの本の種類の百分率をいくつにすればよいでしょうか。（　　）の百分率を（　　）%にする。

⑤ 表の（　）に，あてはまる数を書きましょう。

〈帯グラフに表す〉

4 次の表を帯グラフに表しましょう。（百分率の大きい順に，左から区切ってかく。）〔全部できて　8点〕

家ちくの頭数の割合

肉牛	にゅう牛	ぶた	その他
50%	30%	10%	10%

家ちくの頭数の割合

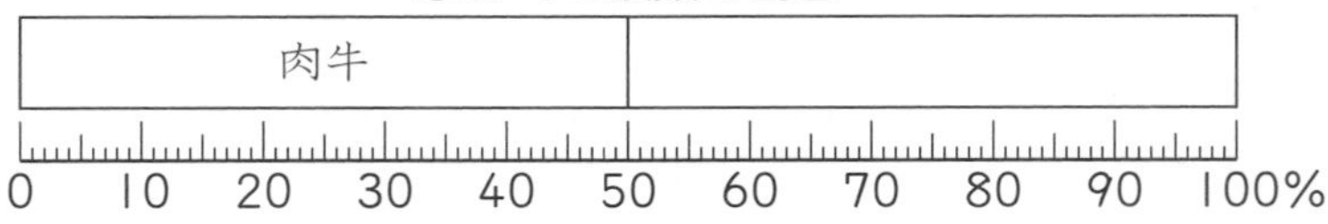

〈円グラフに表す〉

5 次の表を円グラフに表しましょう。（百分率の大きい順に，真上から時計のはりの進む方向に区切ってかく。）〔全部できて　8点〕

農作物の生産額の割合

米	野菜	麦類	その他
40%	30%	20%	10%

農作物の生産額の割合

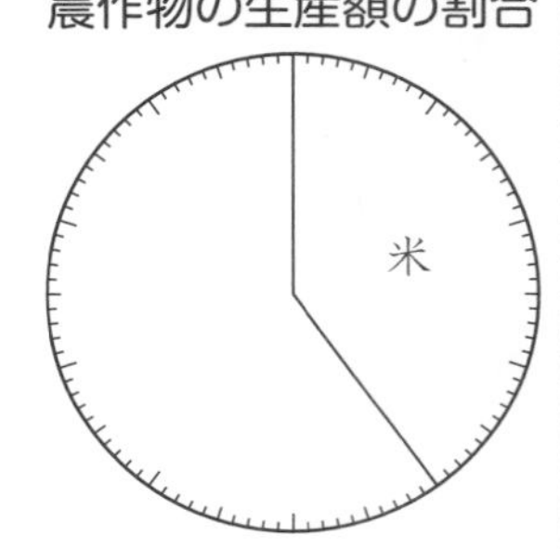

45 完成テスト 帯グラフと円グラフ

完成 目標時間 25分

●復習のめやす 基本テスト・関連ドリルなどでしっかり復習しよう！ 0点 80点 合格 100点

合計得点 ／100点

関連ドリル ●数・量・図形 P.99〜108

1 下の帯グラフは，ある町の土地利用の割合を表したものです。次の問題に答えましょう。〔1問 6点〕

土地利用の割合（総面積15km²）

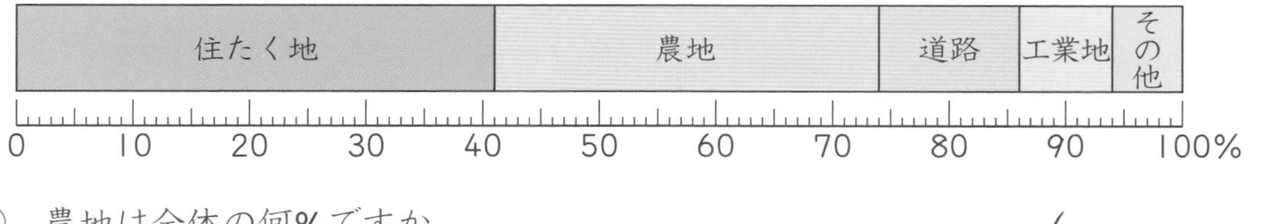

① 農地は全体の何%ですか。（　　）

② 農地は全体の約何分の一ですか。（　　）

③ 住たく地は工業地の約何倍ですか。（　　）

④ 道路の面積は何km²ですか。

式

答え（　　）

2 右の表は，5年生の男子の好きなスポーツとその人数を表したものです。次の問題に答えましょう。

① スポーツごとの百分率を計算して，右の表の（　）に書きましょう。（百分率は$\frac{1}{10}$の位を四捨五入して，合計を100%にしましょう。）〔全部できて 10点〕

5年生の男子の好きなスポーツの割合

スポーツ	人数（人）	百分率（%）
サッカー	46	（　　）
野球	38	（　　）
バスケット	22	（　　）
その他	14	（　　）
合計	120	（　　）

② ①の表を下の帯グラフに表しましょう。〔12点〕

5年生の男子の好きなスポーツの割合

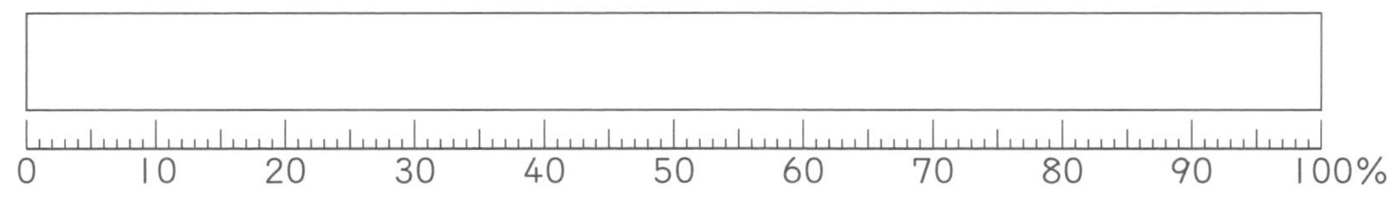

3 右の円グラフは，かずきさんの家の１か月の支出の割合を表しています。次の問題に答えましょう。

〔１問　６点〕

１か月の支出の割合
（総額280000円）

その他
ひ服費
光熱費
食費
住居費

① 住居費は全体の何％ですか。　（　　　　　）

② 住居費は全体の約何分の一ですか。　（　　　　　）

③ 食費は，ひ服費の何倍ですか。　（　　　　　）

④ 食費は何円ですか。

式

答え（　　　　　）

⑤ 光熱費は何円ですか。

式

答え（　　　　　）

4 右の表は，こうたさんの町の店の種類と，その数を表したものです。

〔１問全部できて　12点〕

① 種類ごとの百分率を計算して，右の表の（　）に書きましょう。（百分率は$\frac{1}{10}$の位を四捨五入して，合計を100％にしましょう。）

② 右の表を下の円グラフに表しましょう。

店の割合

種類	数（店）	百分率（％）
食料品店	27	（　　　）
衣料品店	21	（　　　）
電気製品店	14	（　　　）
家具店	2	（　　　）
その他	16	（　　　）
合計	80	（　　　）

店の割合

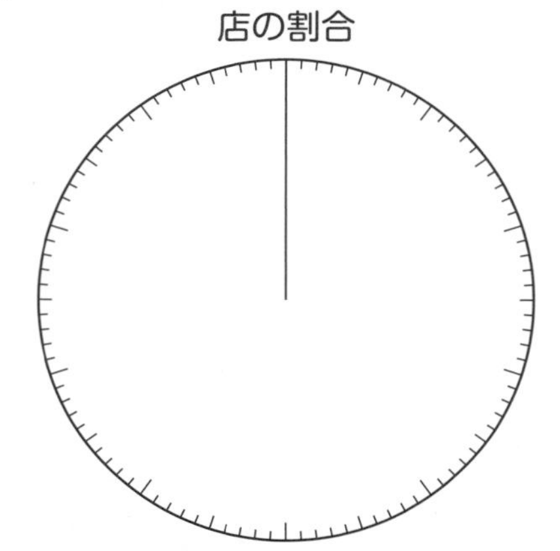

46 完成テスト いろいろな問題

完成目標時間 30分

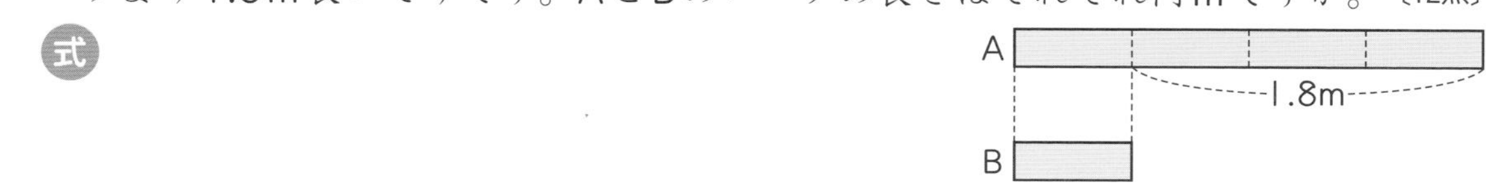

1 AとBのロープがあります。Aのロープの長さはBのロープの長さの4倍で，Bのロープより1.8m長いそうです。AとBのロープの長さはそれぞれ何mですか。〔12点〕

式

A
1.8m
B

答え（　　　　　　）

2 たけるさんとお父さんの体重の合計は94.5kgで，お父さんの体重はたけるさんの体重の2.5倍だそうです。たけるさんとお父さんの体重は，それぞれ何kgですか。〔12点〕

式

答え（　　　　　　）

3 ひろとさんは，消しゴム1ことノートを1さつ買って180円はらいました。みさきさんは，同じ消しゴム1ことノートを3さつ買って420円はらいました。ノート1さつ，消しゴム1このねだんはそれぞれ何円ですか。〔12点〕

式

180円

答え（　　　　　　）

420円

4 長さ90mの電車が110mの鉄橋をわたり始めてから，すっかりわたり終わるまでに8秒かかりました。この電車は秒速何mで走っていましたか。〔12点〕

式

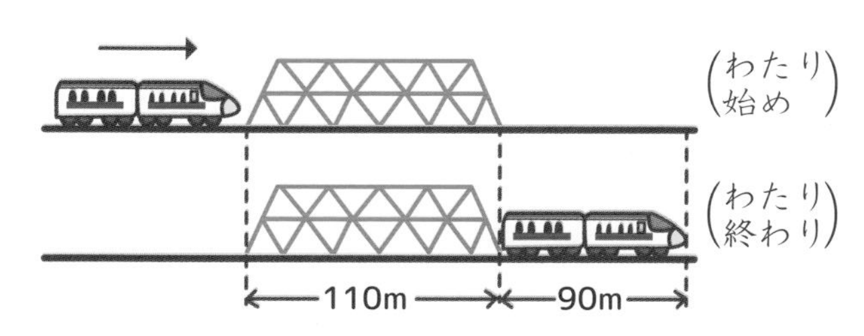

5 おはじきを，Ⅰ辺が2こ，3こ，4こ，……となるように正方形の形にならべていきます。次の問題に答えましょう。

〔1問全部できて　10点〕

① Ⅰ辺が3こになるようにならべたときのおはじきの数を，下のⓐとⓘのように，2通り考えて式をつくりました。□にあてはまる数を書きましょう。

ⓐ

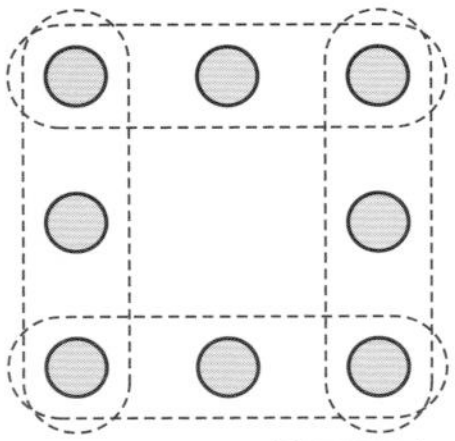

$3 \times 4 - \square$

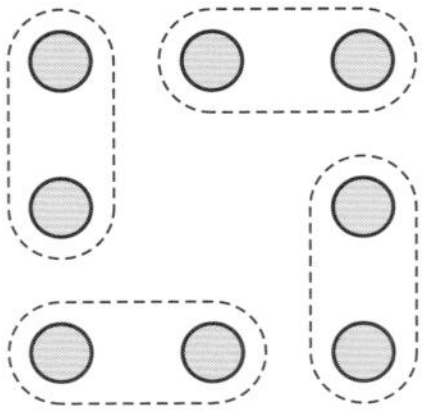

ⓘ

$(3 - \square) \times \square$

② Ⅰ辺が9こになるようにならべたとき，おはじきは全部で何こになりますか。

式

答え（　　　　）

6 右の図のように，おはじきを，Ⅰ辺が2こ，3こ，4こ，……となるように正三角形の形にならべていきます。Ⅰ辺が10こになるようにならべたとき，おはじきは全部で何こになりますか。

〔12点〕

式

答え（　　　　）

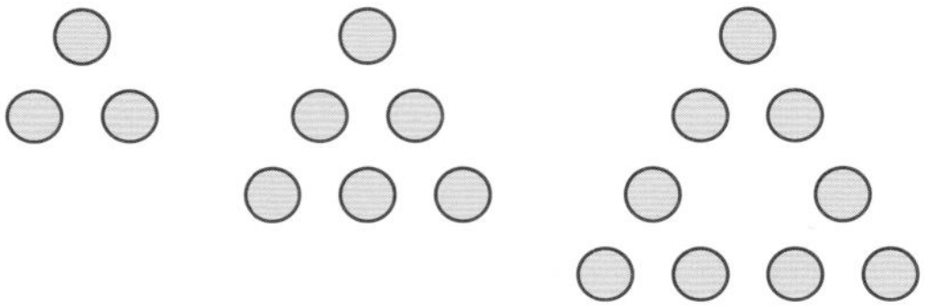

7 右の図のように，正方形の板をならべていきます。次の問題に答えましょう。

〔1問全部できて　10点〕

① 点線のように2倍の板の数を求めることを考えます。いちばん下のだんが4まいのときの正方形の板の数を求めます。次の式の□にあてはまる数を書きましょう。

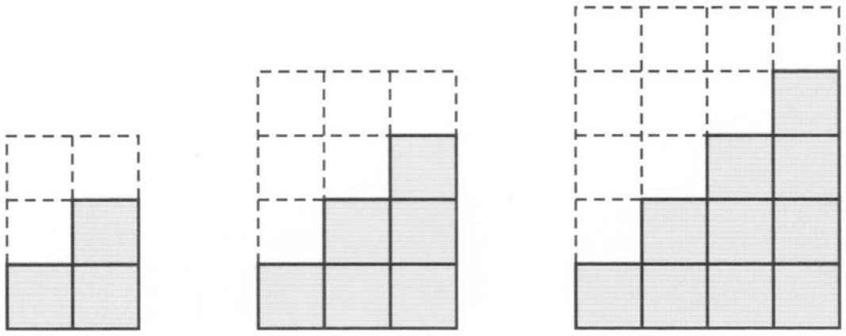

$(4 + \square) \times \square \div 2$

② いちばん下のだんが10まいのとき，正方形の板は何まいになりますか。

式

答え（　　　　）

47 仕上げテスト(1)

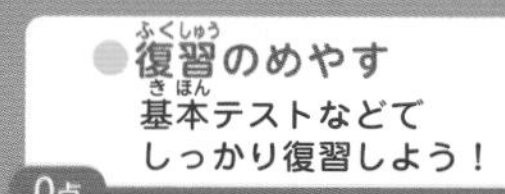

0点　80点　100点

合計得点　/100点

1 次の数を求めましょう。〔1問　4点〕

① 3.46の10倍 (　　　)　② 1.05の100倍 (　　　)

③ 52.7の$\frac{1}{10}$ (　　　)　④ 140.2の$\frac{1}{100}$ (　　　)

2 次の計算をしましょう。わり算は，わり切れるまでしましょう。〔1問　4点〕

① 53×4.5　② 8.3×7.6　③ 1.32×4.8

④ $14.4 \div 1.8$　⑤ $11.5 \div 4.6$　⑥ $2.21 \div 3.4$

3 下の図のあの角度を求めましょう。〔1問　5点〕

①

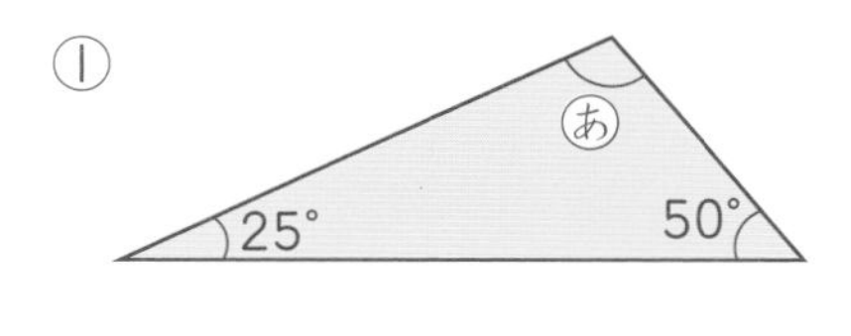

式

答え (　　　)

②

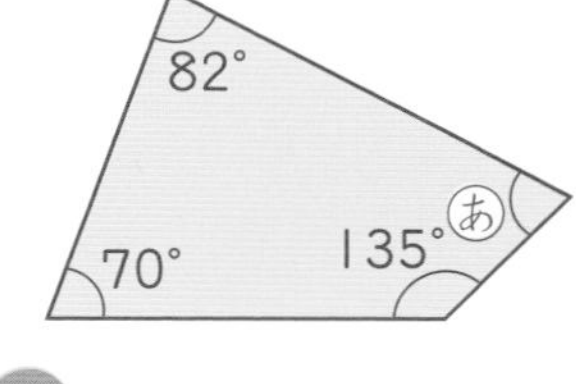

式

答え (　　　)

4 次の割合を〔　〕の表し方で書きましょう。〔1問　5点〕

① 0.15〔百分率〕(　　　)　② 103%〔小数〕(　　　)

5

次のような平行四辺形と三角形の面積を求めましょう。　〔1問　5点〕

①

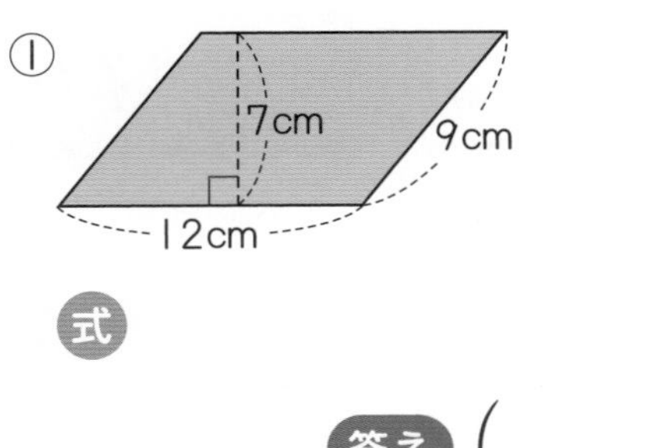

式

答え（　　　　　）

②

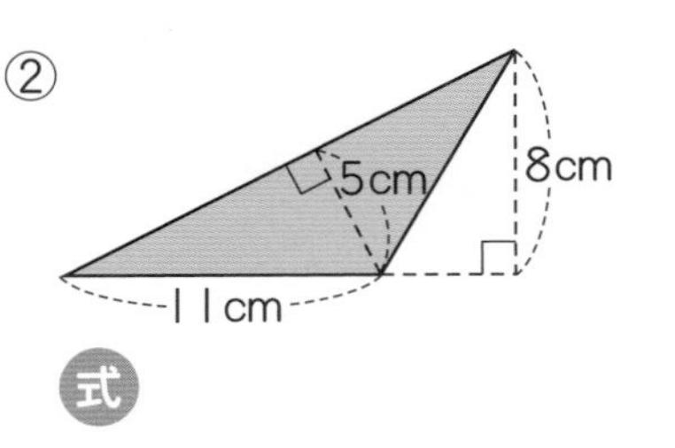

式

答え（　　　　　）

6

右の図は，半径4cmの円の中心のまわりを等分して，正六角形をかいたものです。次の問題に答えましょう。　〔1問　4点〕

① 三角形OAB（オーエービー）はどんな三角形ですか。

（　　　　　）

② 角ⓐの大きさは何度ですか。

（　　　　　）

③ この正六角形のまわりの長さは何cmですか。

（　　　　　）

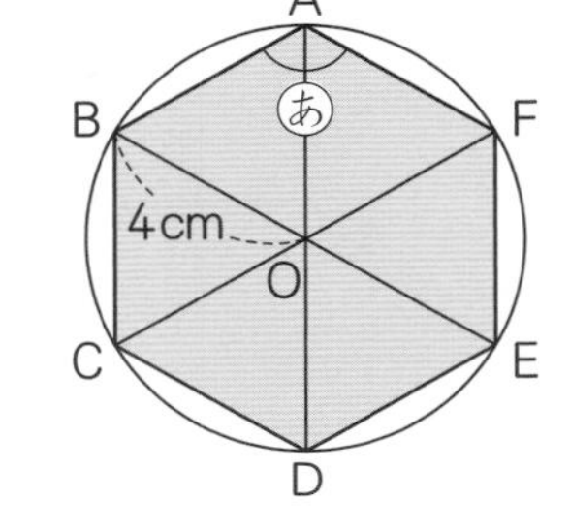

7

1時間に15.6m^2ずつ草をかります。2.5時間では，何m^2の草をかることができますか。　〔6点〕

式

答え（　　　　　）

8

18Lの灯油を，1.6L入る容器（ようき）に入れます。1.6L入った容器は何こできますか。また，灯油は何L残りますか。　〔6点〕

式

答え（　　　　　）

9

サッカーでシュートの練習をしています。はるきさんは24回入りましたが，16回は入りませんでした。入った回数の全体に対する割合（わりあい）は何%ですか。　〔6点〕

式

答え（　　　　　）

48 仕上げテスト(2)

目標時間 25分

●復習のめやす
基本テストなどでしっかり復習しよう！
0点 80点（合格） 100点

合計得点 ／100点

1 ［4］，［5］，［6］の数字のカードを１まいずつ使って３けたの整数をつくります。次の問題に答えましょう。〔1問 5点〕

① できる奇数のうち，いちばん小さい奇数を書きましょう。（　　　）

② できる偶数のうち，いちばん大きい偶数を書きましょう。（　　　）

2 次の分数を約分して，できるだけかんたんな分数になおしましょう。〔1問 4点〕

① $\frac{10}{18}$　② $\frac{18}{48}$　③ $\frac{36}{81}$

3 次の２つの分数を，通分して大きさをくらべ，□に不等号を書きましょう。〔1問 4点〕

① $\frac{5}{6}$ □ $\frac{3}{4}$　② $\frac{4}{9}$ □ $\frac{3}{8}$　③ $\frac{4}{5}$ □ $\frac{7}{8}$

4 次の計算をしましょう。〔1問 4点〕

① $\frac{3}{4}+\frac{2}{5}$　② $1\frac{5}{6}+2\frac{1}{3}$

③ $\frac{7}{12}-\frac{1}{4}$　④ $2\frac{2}{3}-1\frac{4}{5}$

5 1.5kmの道のりを６分で走った自転車の速さは分速何mですか。〔6点〕

（　　　）

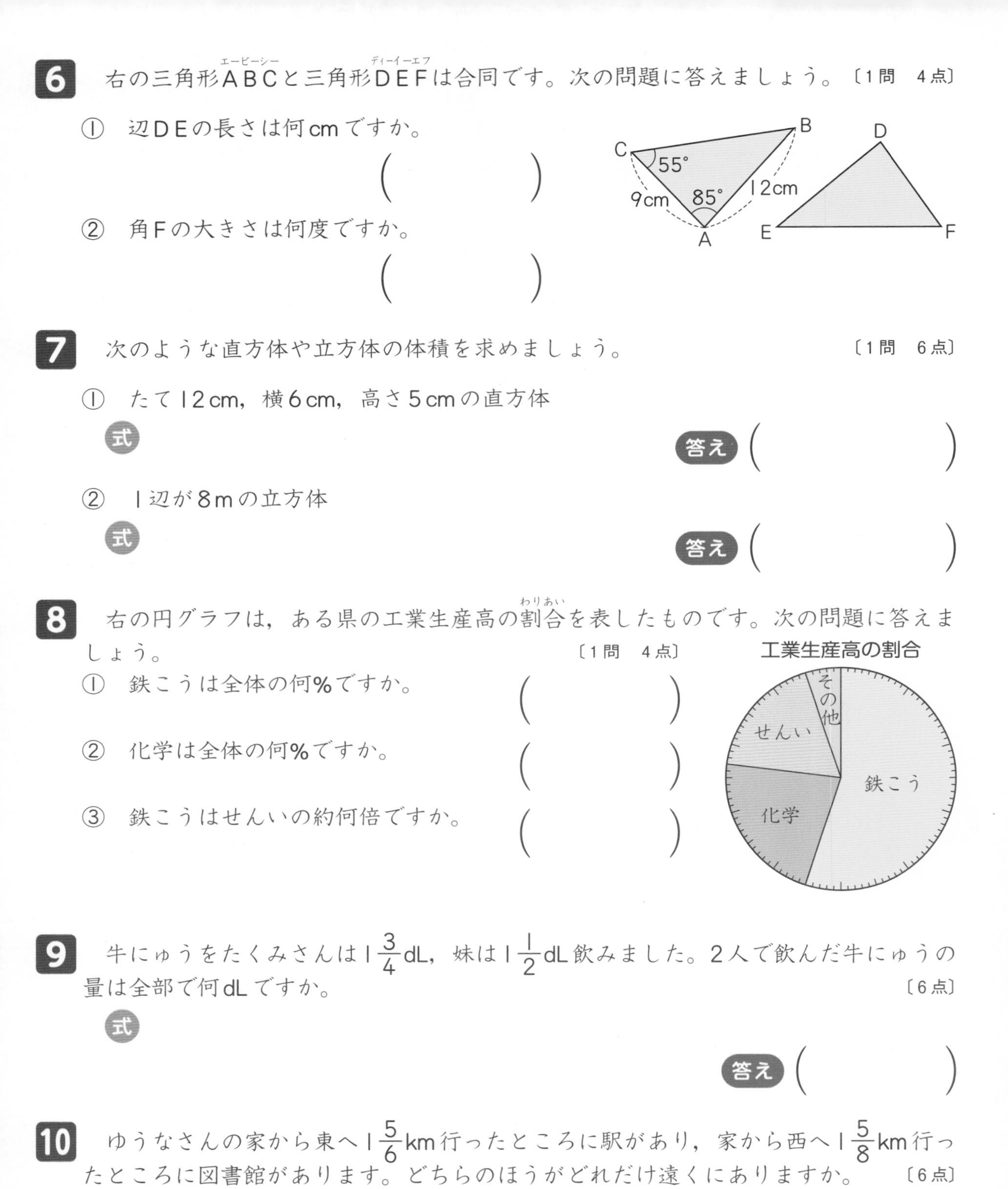

6 右の三角形ABC（エービーシー）と三角形DEF（ディーイーエフ）は合同です。次の問題に答えましょう。〔1問　4点〕

① 辺DEの長さは何cmですか。

（　　　　）

② 角Fの大きさは何度ですか。

（　　　　）

7 次のような直方体や立方体の体積を求めましょう。〔1問　6点〕

① たて12cm，横6cm，高さ5cmの直方体

式

答え（　　　　）

② 1辺が8mの立方体

式

答え（　　　　）

8 右の円グラフは，ある県の工業生産高の割合（わりあい）を表したものです。次の問題に答えましょう。〔1問　4点〕

① 鉄こうは全体の何%ですか。（　　　　）

② 化学は全体の何%ですか。（　　　　）

③ 鉄こうはせんいの約何倍ですか。（　　　　）

9 牛にゅうをたくみさんは$1\frac{3}{4}$dL，妹は$1\frac{1}{2}$dL飲みました。2人で飲んだ牛にゅうの量は全部で何dLですか。〔6点〕

式

答え（　　　　）

10 ゆうなさんの家から東へ$1\frac{5}{6}$km行ったところに駅があり，家から西へ$1\frac{5}{8}$km行ったところに図書館があります。どちらのほうがどれだけ遠くにありますか。〔6点〕

式

答え（　　　　）

49 目標時間 25分 仕上げテスト(3)

1 右の数は，左の数をそれぞれ何倍，または何分の一にした数ですか。〔1問　4点〕

① 15.42 → 154.2　(　　　)　② 54.1 → 0.541　(　　　)

2 次の各組の数の最大公約数と最小公倍数を求めましょう。〔1問全部できて　5点〕

① (8，12)　最大公約数 (　　　)　最小公倍数 (　　　)

② (15，45)　最大公約数 (　　　)　最小公倍数 (　　　)

3 次の分数と小数の大きさをくらべ，□に等号や不等号を書きましょう。〔1問　4点〕

① 0.74 □ $\frac{3}{4}$　② $\frac{5}{6}$ □ 0.85　③ $1\frac{3}{5}$ □ 1.6

4 次のような形の面積を求めましょう。〔1問　6点〕

①

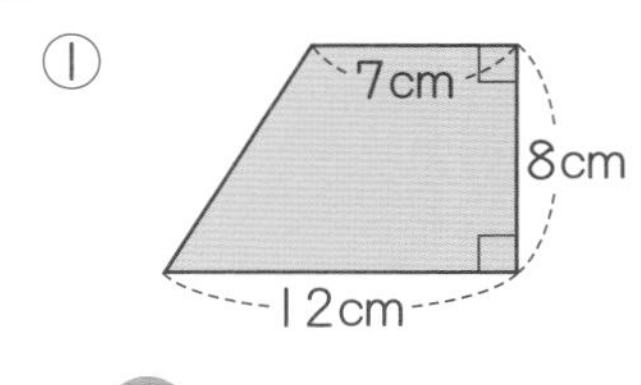

②

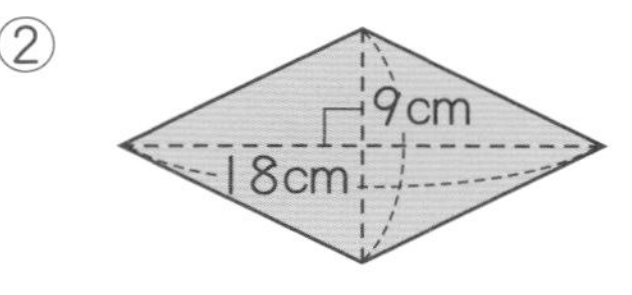

③

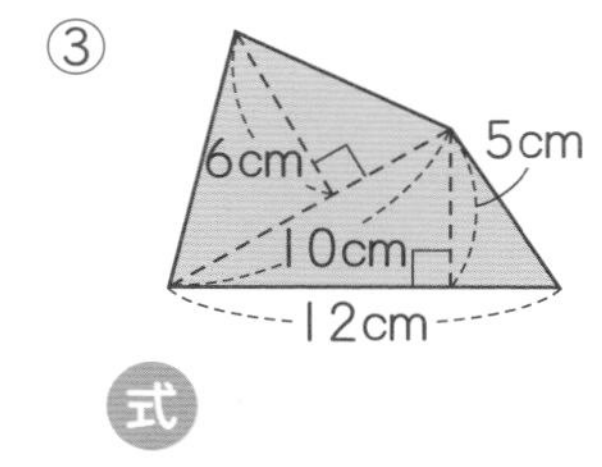

式

答え (　　　)　答え (　　　)　答え (　　　)

5 右の図のような形の体積を求めましょう。〔8点〕

式

答え (　　　)

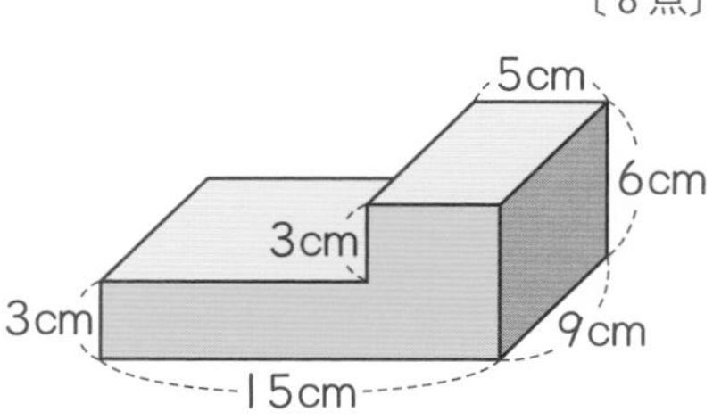

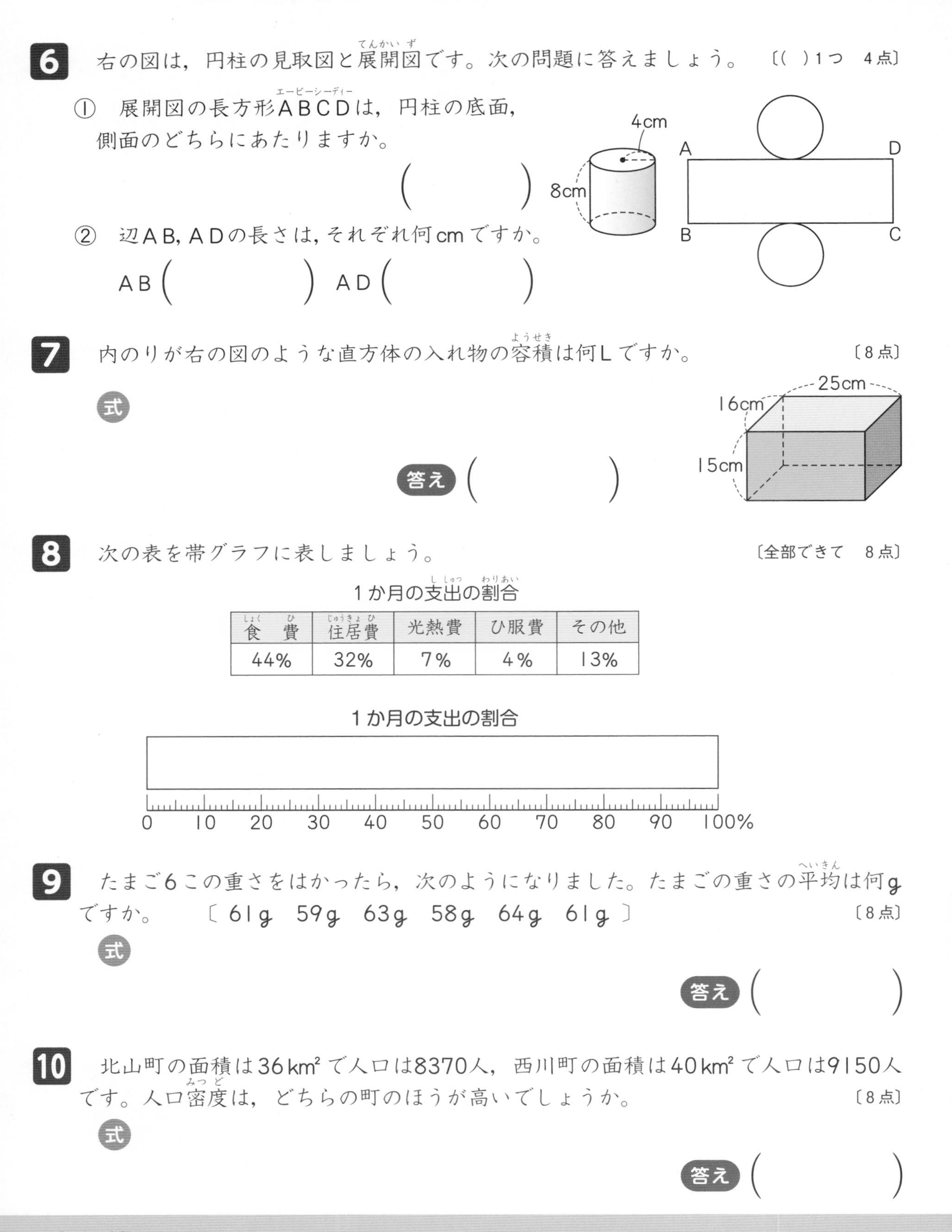

6 右の図は，円柱の見取図と展開図です。次の問題に答えましょう。　〔(　)1つ　4点〕

① 展開図の長方形ABCDは，円柱の底面，側面のどちらにあたりますか。

(　　　　)

② 辺AB, ADの長さは，それぞれ何cmですか。

AB (　　　　)　AD (　　　　)

7 内のりが右の図のような直方体の入れ物の容積は何Lですか。　〔8点〕

式

答え (　　　　)

8 次の表を帯グラフに表しましょう。　〔全部できて　8点〕

1か月の支出の割合

食　費	住居費	光熱費	ひ服費	その他
44%	32%	7%	4%	13%

1か月の支出の割合

9 たまご6この重さをはかったら，次のようになりました。たまごの重さの平均は何gですか。　〔 61g　59g　63g　58g　64g　61g 〕　〔8点〕

式

答え (　　　　)

10 北山町の面積は36 km² で人口は8370人，西川町の面積は40 km² で人口は9150人です。人口密度は，どちらの町のほうが高いでしょうか。　〔8点〕

式

答え (　　　　)

答え 5年生

1 P.1-2 4年生の復習(1)

1 ①31845007000　②6824014500000
2 ①370000　②60000
3 ①9　②23　③21あまり7
4 ①6.32　②4.83　③2.03　④2.12
5 ①$\frac{8}{5}$　②$2\frac{5}{6}$　③3
6 ①式　8×6＝48　答え　48m²
　②式　7×7＝49　答え　49cm²
7 あ75°　い135°
8 ①あ，い，え，お　②あ，お
9 式　80÷6＝13あまり2
　答え　1人分は13まいで，2まいあまる。
10 式　200÷24＝8あまり8，8＋1＝9
　答え　9まい

2 P.3-4 4年生の復習(2)

1 2450以上2550未満
2 ①60　②20　③210　④6
3 ①3.15　②109.8　③100.8
4 ①0.65　②2.3　③0.34
5 ①$2\frac{1}{7}\left(\frac{15}{7}\right)$　②$4\frac{2}{9}\left(\frac{38}{9}\right)$　③$1\frac{1}{4}\left(\frac{5}{4}\right)$
　④$1\frac{5}{7}\left(\frac{12}{7}\right)$
6 ①6cm　②55°
7 式　5×9－2×3＝39　答え　39m²
8 ①辺イカ，辺ウキ，辺エク
　②辺アエ，辺イウ，辺オク，辺カキ
　③面イカオア
9 式　4.8÷5＝0.96　答え　0.96m
10 式　$2\frac{2}{5}-1\frac{4}{5}=\frac{3}{5}$
　答え　きょうのほうが$\frac{3}{5}$a広い。
11 式　500－60×7＝80　答え　80円

3 基本テスト P.5-6 整数と小数

1 ①(上から)6，5，4，3
　②(左から)3，4，5，6
2 ①(上から)5，3，1，4，2
　②(左から)2，4，1，3，5
3 ①0.01　②0.1　③1　④0.1　⑤0.01
　⑥0.001
4 ①21.35　②(右)へ(1)けたうつる。
　③213.5　④(右)へ(2)けたうつる。
5 ①42.36　②(左)へ(1)けたうつる。
　③4.236　④(左)へ(2)けたうつる。

ポイント

★　整数も小数も，10倍，100倍，……すると，それぞれ小数点は右へ1けた，2けた，……とうつります。
　また，$\frac{1}{10}$，$\frac{1}{100}$，……にすると，それぞれ小数点は，左へ1けた，2けた，……とうつります。

	3200	
10倍 ↑	320	↓ $\frac{1}{10}$
10倍 ↑	32	↓ $\frac{1}{10}$
10倍 ↑	3.2	↓ $\frac{1}{10}$
10倍 ↑	0.32	↓ $\frac{1}{10}$
10倍 ↑	0.032	↓ $\frac{1}{10}$

4 完成テスト P.7-8 整数と小数

1 (左から)①2，4，6，1
　②4，3，6，7　③3，0，7，8
2 ①3　②463.2　③32　④16030
　⑤4.875　⑥3.2　⑦2.3　⑧0.6808
3 ①10倍　②100倍　③$\frac{1}{10}$　④$\frac{1}{100}$
4 10倍…3265，100倍…32650，

$\frac{1}{10}$…32.65，$\frac{1}{100}$…3.265

5 ①0.37　②0.145　③47.2　④0.619

6 ①1.357　②753.1

③式　753.1－1.357＝751.743

答え　751.743

7 ①28.3　②516　③1040　④922

⑤0.314　⑥0.275　⑦0.562　⑧0.0812

5 基本テスト① P.9-10 小数のかけ算

1 ①10　②7200　③720

2 ①100　②42　③0.42

3 ①②

```
   1 8
 × 0.3
 -----
   5.4
```

4 ①②

```
   1 6
 × 2.3
 -----
   4 8
 3 2
 -----
 3 6.8
```

5 ①③　②2けた

```
   3.6
 × 0.4
 -----
 1.4 4
```

6 ①③　②2けた

```
   2.3
 × 1.5
 -----
 1 1 5
 2 3
 -----
 3.4 5
```

6 基本テスト② P.11-12 小数のかけ算

1 ①③　②3けた

```
   2.4 3
 ×   1.5
 -------
 1 2 1 5
 2 4 3
 -------
 3.6 4 5
```

2 ①③　②3けた

```
   3.2 4
 ×   2.5
 -------
 1 6 2 0
 6 4 8
 -------
 8.1 0 0
```

3 ①③　②3けた

```
   0.1 6
 ×   2.4
 -------
     6 4
   3 2
 -------
 0.3 8 4
```

4 ①あ＞　い＝　う＜

②（○でかこむもの）ア大きく　イ小さく

5 ①2.7　②2.5　③7.7　④5，5

6 （上から）①2.5，10，58

②2，10，2，42

ポイント

★　小数をかける計算は，次のようにします。

①　小数点がないものとして計算する。

```
     3.1 6 …（2けた）
 ×     2.4 …（1けた）
 ---------
   1 2 6 4
   6 3 2
 ---------
   7.5 8 4 …（3けた）
```

②　積の小数点は，積の小数部分のけた数が，かけられる数と，かける数の小数部分のけた数の和と同じになるようにうつ。

★　かけ算では，1より小さい数をかけると，その積はかけられる数より小さくなります。

・かける数＞1のときは，積＞かけられる数

・かける数＝1のときは，積＝かけられる数

・かける数＜1のときは，積＜かけられる数

7 完成テスト P.13-14 小数のかけ算

1 ①2.8　②24　③0.18　④3.6

2 ①43.2　②16.65　③2.38　④23.85

⑤69.42　⑥8.051　⑦9.728　⑧3.045

⑨0.4464　⑩8.316　⑪0.481

3 ①＜　②＞

4 ①124.8　②12.48　③0.1248

5 ①11.8　②11.4　③64　④3.7

6 式　0.85×2.4＝2.04　答え　2.04 m^2

7 式　4.5×0.8＝3.6　答え　3.6 m

8 基本テスト P.15-16 小数のわり算(1)

1 ①80　②5

2 ①48　②4

3 ①150　②25

4 ①～③

```
       24
0.6)14.4
    12
     24
     24
      0
```

④24

5 ①～③

```
       2.6
1.4)3.6.4
    28
     84
     84
      0
```

④2.6

6 ①

```
       0.7
2.4)1.6.8
    168
      0
```

②

```
         16
0.35)5.60
     35
     210
     210
       0
```

ポイント

★ 小数でわる計算は，次のようにします。
① わる数の小数点をうつして，整数にする。
② わられる数の小数点も，わる数の小数点を右にうつしたけた数だけうつす。
③ わる数が整数のときと同じように計算し，商の小数点は，わられる数の右にうつした小数点にそろえてうつ。

9 完成テスト P.17-18 小数のわり算(1)

1 ①5 ②40 ③3 ④5 ⑤40 ⑥2
2 ①47 ②24 ③2.4 ④9 ⑤0.6 ⑥56
3 ①36 ②3.2 ③38 ④190
4 ①36 ②3.6 ③36
5 式 490÷3.5＝140 答え 140円
6 式 6.75÷1.5＝4.5 答え 4.5kg

10 基本テスト P.19-20 小数のわり算(2)

1 ①～③

```
       2.4
2.5)6.0
    50
    100
    100
      0
```

④2.4

2 ①

```
       0.64
2.5)1.6.0
    150
     100
     100
       0
```

②

```
       0.75
3.6)2.7.0
    252
     180
     180
       0
```

3 ①0.1 ②0.2 ③0.2
4 ①0.01 ②0.03 ③0.03
5 ① $\frac{1}{100}$ の位（または，小数第二位）

②

```
       0.66
2.4)1.6.0
    144
     160
     144
      16
```

③0.7

6 ①㋐＜ ㋑＝ ㋒＞
②(○でかこむもの)㋐小さく ㋑大きく

ポイント

★ 小数のわり算では，あまりの小数点は，わられる数のもとの小数点にそろえてうちます。

```
        0.6
6.7)4.2.8
    402
    0.26
```

★ わり算の検算(けんざん)(答えのたしかめ)は，次の式にあてはめてします。

わる数×商＋あまり＝わられる数

★ わり算では，1より小さい数でわると，商はわられる数よりも大きくなります。
・わる数＞1 のときは，商＜わられる数
・わる数＝1 のときは，商＝わられる数
・わる数＜1 のときは，商＞わられる数

11 完成テスト P.21-22 小数のわり算(2)

1 ①0.25 ②22.4 ③1.45 ④2.4 ⑤0.45
2 ①(商)6.9(あまり)0.06 ②(商)2.3(あまり)0.02 ③(商)4.2(あまり)0.01
3 ①2.8 ②8.1 ③9.0
4 ①＞ ②＜
5 式 8.4÷2.4＝3.5 答え 3.5m
6 式 6.5÷0.4＝16 あまり 0.1
答え 16ふくろできて，0.1kg 残る。
7 式 5.3÷8.6＝0.61… 答え 約0.6倍

12 基本テスト P.23-24 倍数と約数

1 ①偶数　②奇数　③偶数　④奇数

2 27, 89, 125, 201

3 ①3…1, 6…2, 9…3　②3の倍数

4 ①

0 1 2 3 (4) 5 6 7 (8) 9 10 11 (12) 13 14 15 (16) 17 18 19 (20) 21 22 23 (24) 25

②12, 24　③3と4の公倍数

5 ①12　②3と4の最小公倍数

6 ①1, 2, 3, 6　②6の約数

7 ①

0 (1)(2)(3)(4) 5 (6) 7 8 9 10 11 (12) 13 14 15

②1, 2, 4　③8と12の公約数

8 ①4　②8と12の最大公約数

ポイント

★　2でわり切れる整数を**偶数**(ぐうすう)といい，2でわり切れない整数を**奇数**(きすう)といいます。0は偶数です。

★　ある整数に整数をかけてできる数を，その整数の**倍数**といいます。

★　いくつかの整数に共通な倍数を，これらの整数の**公倍数**といい，公倍数のうち，いちばん小さいものを**最小公倍数**といいます。

〈例〉
3の倍数⇨3, 6, 9, [12], 15, 18, 21, [24], …
4の倍数⇨4, 8, [12], 16, 20, [24], …
3と4の公倍数⇨[12], [24], …
↑最小公倍数

★　ある整数をわり切ることのできる整数を，その整数の**約数**といいます。

★　いくつかの整数に共通な約数を，これらの整数の**公約数**といい，公約数のうち，いちばん大きいものを**最大公約数**といいます。

〈例〉
6の約数⇨[1], [2], 3, 6
4の約数⇨[1], [2], 4
6と4の公約数⇨[1], [2]
↑最大公約数

13 完成テスト P.25-26 倍数と約数

1 偶数…14, 68, 102, 216
奇数…31, 53, 95, 305

2 9, 18, 27, 36, 45

3 ①1, 7　②1, 2, 4, 8, 16

4 36, 74, 300, 518

5 ①18, 36, 54　②8, 16, 24

6 ①1, 2, 4　②1, 2, 4, 8

7 ①12　②9　③15　④36

8 ①3　②6　③9　④8

9 黒（奇数…白，偶数…黒）

10 午前8時24分（8と6の最小公倍数は24，8時＋24分＝8時24分）

11 6cm（18と30の最大公約数は6）

14 基本テスト P.27-28 分　数

1 ①あ$\frac{1}{2}$　い$\frac{2}{4}$　う$\frac{3}{6}$
②あ$\frac{1}{3}$　い$\frac{2}{6}$　う$\frac{3}{9}$

2 ①$\frac{2}{4}$　②$\frac{2}{6}$　③$\frac{2}{8}$　④$\frac{3}{9}$　⑤$\frac{4}{6}$　⑥$\frac{6}{15}$

3 ①$\frac{1}{2}$　②$\frac{1}{4}$　③$\frac{1}{5}$　④$\frac{1}{2}$　⑤$\frac{1}{3}$　⑥$\frac{2}{3}$

4 ①約分する　②$\frac{1}{3}$

5 ①12　②$\frac{3}{4}=\frac{9}{12}$，$\frac{2}{3}=\frac{8}{12}$　③通分する

6 ①$\frac{2}{3}=\frac{10}{15}$，$\frac{3}{5}=\frac{9}{15}$　②$\frac{2}{3}$

ポイント

★　分数の分母と分子を同じ数でわって，かんたんな分数にすることを**約分**するといいます。
　約分するには，分母と分子をそれらの公約数でわります。

★　分母のちがう分数を，分母の等しい分数になおすことを**通分**するといいます。
　通分するには，分母の最小公倍数を共通な分母にします。

15 完成テスト P.29-30 分数

1 ① $\frac{\boxed{4}}{6}$　② $\frac{\boxed{6}}{9}$　③ $\frac{\boxed{9}}{21}$　④ $\frac{15}{\boxed{35}}$

2 $\frac{9}{12}$，$\frac{15}{20}$

3 ① $\frac{4}{5}$　② $\frac{3}{5}$　③ $\frac{2}{3}$　④ $\frac{4}{5}$　⑤ $\frac{1}{3}$　⑥ $\frac{3}{5}$

⑦ $\frac{2}{5}$　⑧ $\frac{1}{4}$　⑨ $\frac{3}{7}$　⑩ $\frac{3}{8}$

4 ① $\left(\frac{3}{6}, \frac{4}{6}\right)$　② $\left(\frac{5}{10}, \frac{2}{10}\right)$　③ $\left(\frac{9}{12}, \frac{8}{12}\right)$

④ $\left(\frac{3}{9}, \frac{2}{9}\right)$　⑤ $\left(\frac{4}{15}, \frac{6}{15}\right)$　⑥ $\left(\frac{3}{24}, \frac{4}{24}\right)$

⑦ $\left(\frac{9}{24}, \frac{10}{24}\right)$　⑧ $\left(\frac{15}{18}, \frac{14}{18}\right)$

5 ① $<$　② $>$　③ $<$　④ $>$

6 $\frac{2}{3}$，$\frac{3}{4}$，$\frac{7}{9}$

16 基本テスト P.31-32 分数のたし算

1 ① $\frac{1}{4}+\frac{1}{2}=\frac{1}{4}+\frac{\boxed{2}}{4}=\frac{\boxed{3}}{4}$

② $\frac{2}{3}+\frac{1}{4}=\frac{\boxed{8}}{12}+\frac{\boxed{3}}{\boxed{12}}=\frac{\boxed{11}}{\boxed{12}}$

2 ① $\frac{4}{3}+\frac{1}{2}=\frac{8}{6}+\frac{\boxed{3}}{6}=\frac{\boxed{11}}{\boxed{6}}=1\frac{\boxed{5}}{\boxed{6}}$

② $\frac{3}{10}+\frac{7}{5}=\frac{\boxed{3}}{10}+\frac{\boxed{14}}{\boxed{10}}=\frac{\boxed{17}}{\boxed{10}}=\boxed{1}\frac{\boxed{7}}{\boxed{10}}$

3 ① $2\frac{3}{8}+1\frac{1}{4}=2\frac{\boxed{3}}{8}+1\frac{\boxed{2}}{\boxed{8}}=3\frac{\boxed{5}}{\boxed{8}}$

② $1\frac{1}{6}+1\frac{2}{9}=1\frac{\boxed{3}}{18}+1\frac{\boxed{4}}{\boxed{18}}=\boxed{2}\frac{\boxed{7}}{\boxed{18}}$

③ $1\frac{1}{3}+1\frac{5}{6}=1\frac{\boxed{2}}{\boxed{6}}+1\frac{5}{\boxed{6}}=\boxed{2}\frac{7}{\boxed{6}}=\boxed{3}\frac{1}{\boxed{6}}$

4 ① $\frac{1}{6}+\frac{1}{2}=\frac{1}{\boxed{6}}+\frac{\boxed{3}}{\boxed{6}}=\frac{\overset{\boxed{2}}{\cancel{4}}}{\underset{\boxed{3}}{\cancel{6}}}=\frac{\boxed{2}}{\boxed{3}}$

② $1\frac{3}{4}+\frac{1}{12}=1\frac{\boxed{9}}{\boxed{12}}+\frac{1}{\boxed{12}}=1\frac{\overset{\boxed{5}}{\cancel{10}}}{\underset{\boxed{6}}{\cancel{12}}}=\boxed{1}\frac{\boxed{5}}{\boxed{6}}$

5 ① $\frac{1}{3}+\frac{1}{4}+\frac{1}{8}=\frac{8}{24}+\frac{\boxed{6}}{24}+\frac{\boxed{3}}{24}=\frac{\boxed{17}}{24}$

② $\frac{1}{3}+\frac{1}{4}+\frac{1}{6}=\frac{4}{\boxed{12}}+\frac{\boxed{3}}{\boxed{12}}+\frac{\boxed{2}}{\boxed{12}}=\frac{\overset{\boxed{3}}{\cancel{9}}}{\underset{\boxed{4}}{\cancel{12}}}=\frac{\boxed{3}}{\boxed{4}}$

ポイント

★ 分母のちがう分数のたし算やひき算は，通分して分母をそろえてから計算します。

★ 答えが仮分数になったときは，帯分数になおすと大きさがわかりやすくなります。仮分数のまま答えてもよいでしょう。

★ 答えが約分できるときは，かならず約分して，できるだけかんたんな分数になおします。

17 完成テスト P.33-34 分数のたし算

1 ① $\frac{7}{10}$　② $\frac{13}{15}$　③ $\frac{7}{8}$　④ $2\frac{5}{12}\left(\frac{29}{12}\right)$

⑤ $2\frac{1}{8}\left(\frac{17}{8}\right)$　⑥ $4\frac{5}{24}\left(\frac{101}{24}\right)$

※ $1\frac{1}{4}+1\frac{1}{6}=\frac{5}{4}+\frac{7}{6}=\frac{15}{12}+\frac{14}{12}=\frac{29}{12}$ のように計算して，仮分数で答えてもよいでしょう。

2 ① $\frac{1}{4}$　② $\frac{1}{2}$　③ $\frac{2}{3}$　④ $\frac{14}{15}$　⑤ $2\frac{1}{3}\left(\frac{7}{3}\right)$

⑥ $4\frac{1}{6}\left(\frac{25}{6}\right)$

3 ① $1\frac{1}{30}\left(\frac{31}{30}\right)$　② $\frac{2}{3}$　③ $1\frac{1}{5}\left(\frac{6}{5}\right)$

④ $1\frac{2}{3}\left(\frac{5}{3}\right)$

4 式 $\frac{1}{12}+\frac{3}{4}=\frac{5}{6}$　答え $\frac{5}{6}$m

5 式 $\frac{1}{4}+1\frac{5}{6}=2\frac{1}{12}$　答え $2\frac{1}{12}$kg $\left(\frac{25}{12}\text{kg}\right)$

6 式 $1\frac{5}{6}+1\frac{1}{10}=2\frac{14}{15}$

答え $2\frac{14}{15}$km $\left(\frac{44}{15}\text{km}\right)$

18 基本テスト P.35-36 分数のひき算

1 ① $\frac{1}{2}-\frac{1}{8}=\frac{\boxed{4}}{8}-\frac{1}{8}=\frac{\boxed{3}}{8}$

② $\frac{3}{4}-\frac{1}{3}=\frac{\boxed{9}}{12}-\frac{\boxed{4}}{\boxed{12}}=\frac{\boxed{5}}{\boxed{12}}$

2 ① $\frac{5}{4}-\frac{3}{5}=\frac{\boxed{25}}{20}-\frac{\boxed{12}}{\boxed{20}}=\frac{\boxed{13}}{\boxed{20}}$

② $\frac{8}{7}-\frac{1}{2}=\frac{\boxed{16}}{14}-\frac{\boxed{7}}{\boxed{14}}=\frac{\boxed{9}}{\boxed{14}}$

3 ① $2\frac{3}{4}-1\frac{1}{6}=2\frac{\boxed{9}}{12}-1\frac{\boxed{2}}{\boxed{12}}=1\frac{\boxed{7}}{\boxed{12}}$

② $2\frac{5}{6}-1\frac{1}{8}=2\frac{\boxed{20}}{24}-1\frac{\boxed{3}}{24}=\boxed{1}\frac{\boxed{17}}{\boxed{24}}$

③ $3\frac{2}{3}-\frac{5}{6}=3\frac{\boxed{4}}{\boxed{6}}-\frac{5}{\boxed{6}}=2\frac{\boxed{10}}{\boxed{6}}-\frac{5}{\boxed{6}}=\boxed{2}\frac{\boxed{5}}{\boxed{6}}$

4 ① $\frac{2}{3}-\frac{1}{6}=\frac{\boxed{4}}{\boxed{6}}-\frac{1}{\boxed{6}}=\frac{\cancel{3}^{\boxed{1}}}{\cancel{6}_{\boxed{2}}}=\frac{\boxed{1}}{\boxed{2}}$

② $1\frac{17}{18}-\frac{5}{6}=1\frac{\boxed{17}}{18}-\frac{\boxed{15}}{\boxed{18}}=1\frac{\cancel{2}^{\boxed{1}}}{\cancel{18}_{\boxed{9}}}=\boxed{1}\frac{\boxed{1}}{\boxed{9}}$

5 ① $\frac{7}{8}-\frac{1}{2}-\frac{1}{4}=\frac{7}{8}-\frac{\boxed{4}}{8}-\frac{\boxed{2}}{8}=\frac{\boxed{1}}{8}$

② $\frac{5}{12}+\frac{5}{6}-\frac{3}{4}=\frac{5}{\boxed{12}}+\frac{\boxed{10}}{\boxed{12}}-\frac{\boxed{9}}{\boxed{12}}=\frac{\cancel{6}^{\boxed{1}}}{\cancel{12}_{\boxed{2}}}=\frac{\boxed{1}}{\boxed{2}}$

19 完成テスト P.37-38 分数のひき算

1 ① $\frac{1}{12}$　② $\frac{3}{10}$　③ $\frac{4}{15}$　④ $1\frac{1}{12}\left(\frac{13}{12}\right)$

⑤ $1\frac{1}{12}\left(\frac{13}{12}\right)$　⑥ $1\frac{7}{24}\left(\frac{31}{24}\right)$

2 ① $\frac{1}{3}$　② $\frac{2}{9}$　③ $\frac{1}{2}$　④ $\frac{11}{15}$　⑤ $1\frac{1}{2}\left(\frac{3}{2}\right)$

⑥ $\frac{1}{6}$

3 ① $\frac{5}{12}$　② $\frac{2}{3}$　③ $1\frac{1}{24}\left(\frac{25}{24}\right)$　④ $\frac{1}{4}$

4 式　$\frac{4}{5}-\frac{2}{3}=\frac{2}{15}$　答え　$\frac{2}{15}$L

5 式　$1\frac{1}{4}-\frac{7}{8}=\frac{3}{8}$

答え　駅のほうが $\frac{3}{8}$km 遠くにある。

6 式　$2\frac{3}{10}-\frac{5}{6}=1\frac{7}{15}$　答え　$1\frac{7}{15}$kg $\left(\frac{22}{15}\text{kg}\right)$

20 基本テスト P.39-40 分数と小数

1 ① $\boxed{2}\div\boxed{3}$　② $\frac{\boxed{2}}{\boxed{3}}$L　③ $2\div3=\frac{\boxed{2}}{\boxed{3}}$

2 $\frac{2}{5}=2\div\boxed{5}=\boxed{0.4}$

3 ① $\frac{1}{10}$ に○　② $0.9=\frac{\boxed{9}}{10}$

4 ① $\frac{1}{100}$ に○　② $0.07=\frac{\boxed{7}}{100}$

5 ① $\frac{1}{1000}$ に○　② $0.003=\frac{\boxed{3}}{1000}$

6 ①（数直線）上：0，0.7（↓），1　下：0，$\frac{3}{5}$（↑），$\frac{5}{5}$　② 0.7

7 ① $\frac{3}{10}$　② >

ポイント

★ 整数のわり算の商は，わる数を分母，わられる数を分子とする分数で表すことができます。

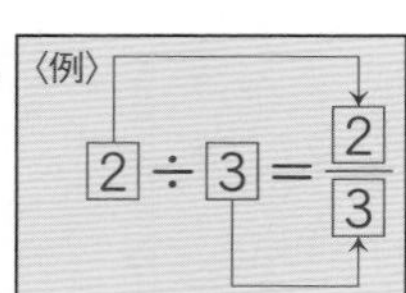

★ 分数を小数になおすには，分子を分母でわります。

★ 小数や整数は，次のような分数で表すことができます。

・小数…10, 100などを分母とする分数
・整数…1を分母とする分数

21 完成テスト P.41-42 分数と小数

1 ① $\frac{1}{6}$　② $\frac{5}{7}$　③ $\frac{1}{3}$　④ $\frac{3}{4}$　⑤ $1\frac{1}{5}\left(\frac{6}{5}\right)$

⑥ $2\frac{1}{4}\left(\frac{9}{4}\right)$

2 ① 0.4　② 0.25　③ 0.7　④ 0.375　⑤ 1.6
⑥ 2.16

3 ① $\frac{3}{10}$　② $\frac{3}{5}$　③ $1\frac{2}{5}\left(\frac{7}{5}\right)$　④ $\frac{1}{4}$

⑤ $1\frac{13}{50}\left(\frac{63}{50}\right)$　⑥ $3\frac{3}{20}\left(\frac{63}{20}\right)$

4 ① 0.7　② 1.2

5 ① <　② >　③ >　④ >　⑤ >　⑥ ＝

6 式　$8 \div 5 = 1\frac{3}{5}$，$8 \div 5 = 1.6$

答え　分数…$1\frac{3}{5}$dL$\left(\frac{8}{5}\text{dL}\right)$，小数…1.6 dL

7 式　$32 \div 28 = 1\frac{1}{7}$

答え　$1\frac{1}{7}$倍$\left(\frac{8}{7}倍\right)$

22 基本テスト P.43-44　角

1 ① あ 60°　い 30°　う 45°　え 45°
② ア 180°　イ 180°

2 ① 180°
② 式　180 −（[60]＋[50]）＝[70]
〔または，180 −（[50]＋[60]）＝[70]〕
答え　70°

3 ① 70°
② 式　180 − [70] × 2 ＝ 40
答え　40°

4 ① 180°　② 180°　③ 360°

5 式　360 −（90 ＋ 80 ＋ [120]）＝[70]
答え　70°

6 ① 五角形　② 六角形　③ 多角形

7 ① 3つ　② 540°

ポイント

★　三角形の3つの角の大きさの和は180°です。

★　三角形，四角形，五角形，六角形などのように，直線だけでかこまれた図形を多角形といいます。
　多角形の角の和は，
　180° ×〔1つの頂点からひいた対角線で分けられる三角形の数〕
です。

23 完成テスト P.45-46　角

1 ① 式　180 −（55 ＋ 65）＝ 60　答え　60°
② 式　180 −（80 ＋ 68）＝ 32　答え　32°
③ 式　180 − 70 ＝ 110，180 −（30 ＋ 110）＝ 40
答え　40°
④ 式　180 −（85 ＋ 65）＝ 30，180 − 30 ＝ 150
答え　150°

2 ① 式　180 − 50 × 2 ＝ 80　答え　80°
② 式　（180 − 20）÷ 2 ＝ 80　答え　80°

3 ① 60°　② 式　180 − 60 ＝ 120　答え　120°

4 ① 式　360 −（80 ＋ 85 ＋ 90）＝ 105
答え　105°
② 式　360 −（150 ＋ 46 ＋ 94）＝ 70
答え　70°
③ 式　180 − 125 ＝ 55
360 −（85 ＋ 120 ＋ 55）＝ 100
答え　100°
④ 式　180 − 89 ＝ 91，180 − 88 ＝ 92
360 −（91 ＋ 92 ＋ 45）＝ 132
答え　132°

5 ① 式　180 × 3 ＝ 540，540 −（90 ＋ 100 ＋ 95 ＋ 120）＝ 135　答え　135°
② 式　540 −（86 ＋ 87 ＋ 100 ＋ 123）＝ 144
答え　144°

6 ① 720°
② 式　720 −（145 ＋ 110 ＋ 95 ＋ 100 ＋ 155）＝ 115　答え　115°

24 基本テスト P.47-48　図形の合同

1 ① エ，カ　② 合同

2 ① 頂点D　② 辺DE　③ 等しい　④ 角F
⑤ 等しい

3 ①　②

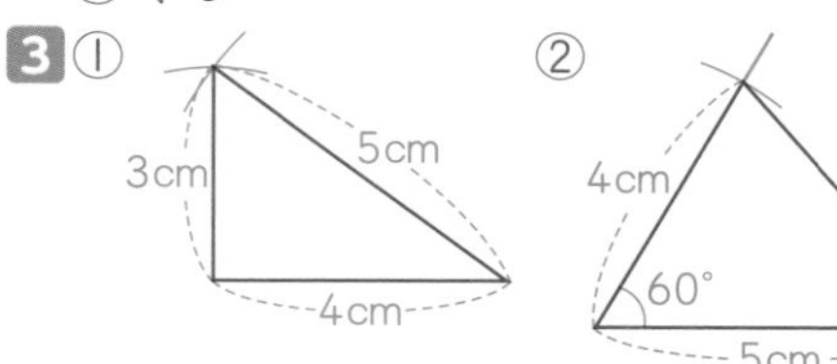

③

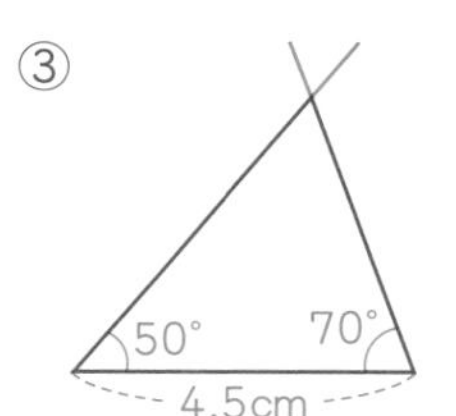

ポイント

★　ぴったり重ね合わすことのできる2つの図形は，合同であるといいます。
　合同な図形では，重なり合う頂点，辺，角をそれぞれ対応する頂点，対応する辺，対応する角といいます。
　対応する辺の長さや角の大きさは等しくなっています。

★　右の図の三角形アイウと合同な三角形をかくには，次の3つのかき方があります。

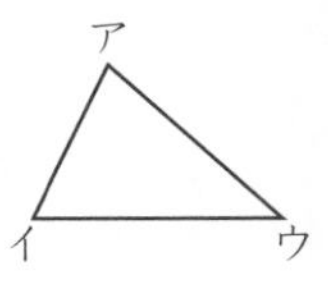

①　3つの辺の長さでかく。

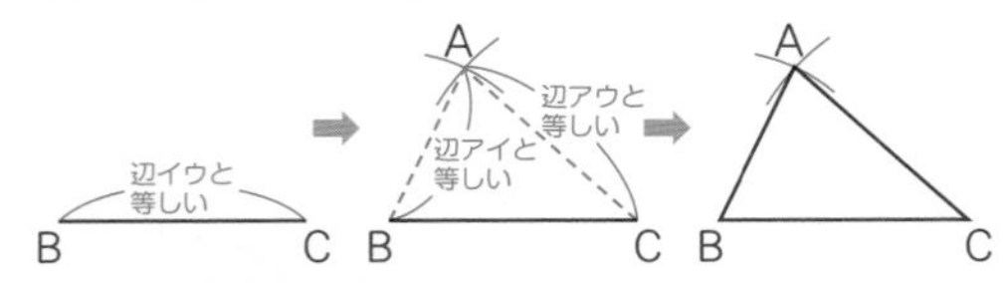

②　2つの辺の長さと，その間の角の大きさでかく。

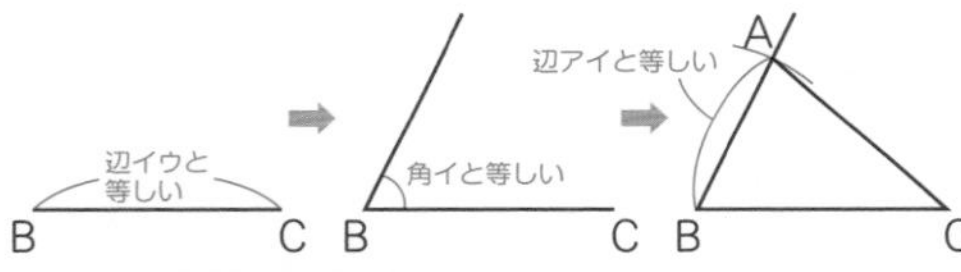

③　1つの辺の長さと，その両はしの角の大きさでかく。

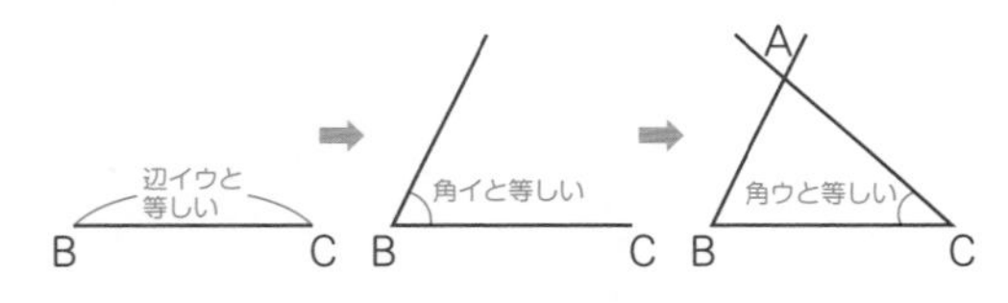

25 完成テスト P.49-50 図形の合同

1 ㋐と㋗，㋑と㋙，㋔と㋘，㋕と㋖
2 ①頂点B　②5cm　③2cm　④60°
3 ①三角形CDO　②三角形DAO
4 ①三角形CBD
　②三角形ADOと三角形CBOと三角形CDO
5 ①(例)　②(例)

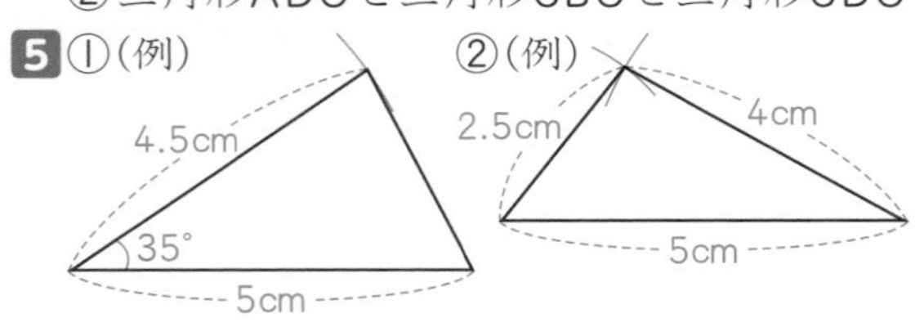

6 (例)

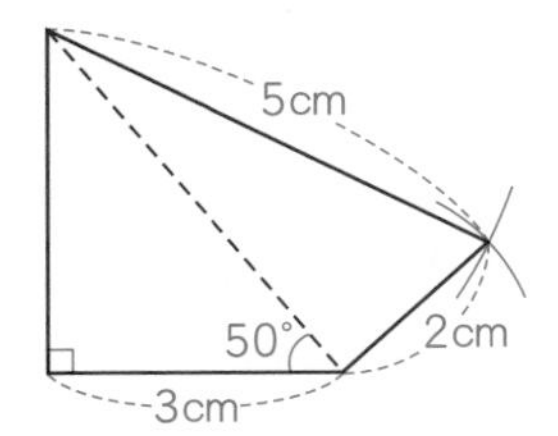

26 基本テスト P.51-52 面　積

1 ①直線EF　②直線CG
2 ①8×4＝32　②32 cm²
3 ①直線AD　②直線CE
4 ①8×4÷2＝16　②16 cm²
5 ㋐高さ　㋑下底
6 ①(2＋4)×3÷2＝9　②9 cm²
7 ①4×6÷2＝12　②12 cm²
8 ①式　6×3÷2＝9　答え　9 cm²
　②式　6×2÷2＝6　答え　6 cm²
　③式　9＋6＝15　答え　15 cm²

ポイント

★　平行四辺形の面積＝底辺×高さ
★　三角形の面積＝底辺×高さ÷2
★　台形の面積＝(上底＋下底)×高さ÷2
★　ひし形の面積＝対角線×対角線÷2

27 完成テスト① P.53-54 面　積

1 ①式　7×4＝28　答え　28 cm²
　②式　8×9＝72　答え　72 cm²
　③式　13×9＝117　答え　117 cm²
　④式　13.5×8＝108　答え　108 cm²
2 ①式　5×6.4＝32　答え　32 cm²
　②式　32÷4＝8　答え　8 cm
3 ①式　7×6÷2＝21　答え　21 cm²
　②式　10×5÷2＝25　答え　25 cm²
　③式　7×9÷2＝31.5　答え　31.5 cm²
　④式　12.5×8÷2＝50　答え　50 cm²
4 式　18×2÷8＝4.5　答え　4.5 cm
5 ㋒，㋔

28 完成テスト② P.55-56 面 積

1 ①式 $(5+8)\times6\div2=39$ 答え $39\,cm^2$

②式 $(8+16)\times13\div2=156$

答え $156\,cm^2$

2 ①式 $5\times12\div2=30$ 答え $30\,cm^2$

②式 $8\times(4.5\times2)\div2=36$

答え $36\,cm^2$

3 ①式 $9\times4\div2+10\times5\div2=43$

答え $43\,cm^2$

②式 $8\times3\div2+8\times4\div2+8\times2\div2$

$=36$ 答え $36\,cm^2$

4 ①式 $15\times20-15\times4\div2-20\times6\div2=210$

答え $210\,cm^2$

②式 $16\times15\div2+9\times20\div2=210$

答え $210\,cm^2$

5 式 $8\times(4+2)\div2-8\times2\div2=16$

答え $16\,cm^2$

6 ①式 $18\times9-2\times9=144$

〔または，$(18-2)\times9=144$〕

答え $144\,cm^2$

②式 $(4-1)\times(7-2)=15$

〔または，$1\times7+4\times2-1\times2=13$，

$4\times7-13=15$〕 答え $15\,cm^2$

7 ①式 $(10+15)\times12\div2=150$

答え 約 $150\,m^2$

②式 $13\times20\div2=130$ 答え 約 $130\,m^2$

29 基本テスト P.57-58 正多角形と円

1 ①正多角形

②あ正五角形　い正六角形　う正八角形

2 ①6等分　②60°　③

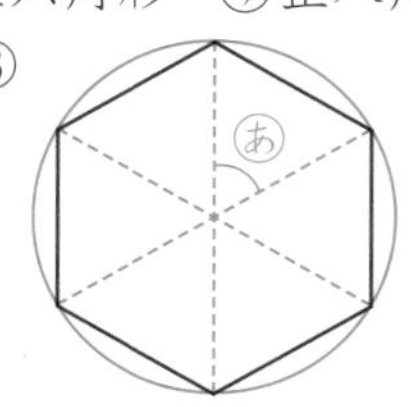

3 ①円周　②円周率　③3.14

4 ①4×3.14＝12.56　②12.56 cm

5 ①

直径(cm)	1	2	3	4	5
円周(cm)	3.14	6.28	9.42	12.56	15.7

②3.14 cm　③2倍…2倍，3倍…3倍

ポイント

★・どの辺の長さも等しく，どの角の大きさも等しい多角形を**正多角形**といいます。

・正多角形は，円の中心のまわりの角を等分してかくことができます。

★ 円周の長さが直径の長さの何倍になっているかを表す数を**円周率**（えんしゅうりつ）といいます。

どんな円でも，円周率は約3.14です。

円周率＝円周÷直径＝3.14

★ 円周＝直径×円周率(3.14)

30 完成テスト P.59-60 正多角形と円

1 ①式 $360\div5=72$ 答え 72°

②2 cm　③二等辺三角形

④式 $(180-72)\div2=54$ 答え 54°

2 式 $360\div10=36$ 答え 36°

3

（360÷8＝45　あの角は45°）

4 ①式 $5\times3.14=15.7$ 答え 15.7 cm

②式 $4\times2\times3.14=25.12$

答え 25.12 cm

5 ①式 $8\times3.14\div2+8=20.56$

答え 20.56 cm

②式 $10\times3.14\div2\times2+5+5=41.4$

答え 41.4 cm

③式 $7\times2\times3.14\div4+7\times2=24.99$

答え 24.99 cm

④式 $14\times3.14\div2+14\times2\times3.14\div4$

$+14=57.96$

答え 57.96 cm

6 式 $15\div3.14=4.77\cdots$ 答え 約4.8 m

31 基本テスト P.61-62 立 体

1 ①三角柱　②四角柱（または，直方体）

③五角柱　④円柱

2 ①あ高さ　い底面　う側面　え底面

②(あ)高さ　(い)底面　(う)側面　(え)底面

3 ①合同である　②平行　③垂直　④長方形

4 ①合同である　②平行　③曲面

5 ㋐○　㋑×　㋒○

6 ①側面　②高さ　③円周

ポイント

★・㋐，㋑のような立体を**角柱**，㋒のような立体を**円柱**といいます。

・何角柱であるかは，底面の形によってきまります。円柱の底面の形は円です。

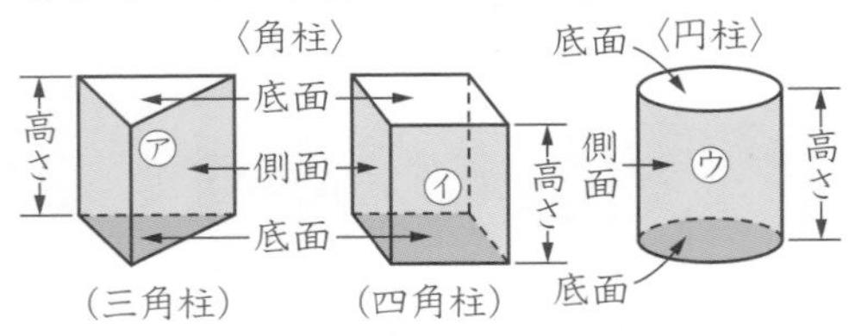

★　角柱の２つの底面は合同で，平行になっています。角柱の側面は底面に垂直で長方形です。

★　円柱の２つの底面は合同で，平行になっています。円柱の側面は曲面です。

32 完成テスト P.63-64　立　体

1 ①三角形　②2つ　③長方形　④3つ
⑤6つ

2 ①五角形　②2つ　③長方形　④5つ
⑤10

3 ①円柱
②式　$6\times2\times3.14=37.68$
答え　37.68 cm

4 ①円　②10 cm

5 ①正三角形　②面DEF　③3つ　④6 cm

6 ①（例）　②（例）

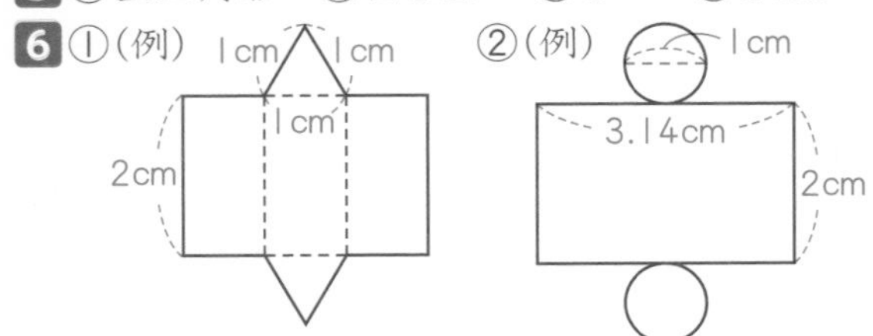

33 基本テスト P.65-66　体　積

1 1 cm^3

2 ①(あ)6 cm^3　(い)8 cm^3
②(い)のほうが2 cm^3大きい。

3 ①[3]×[2]×[1]=[6]　②6 cm^3

4 ①[2]×[2]×[2]=[8]　②8 cm^3

5 ①1 m^3
②(あ)1000000　(い)2000000　(う)1

6 ①たて…6 cm，横…10 cm，深さ…9 cm
②式　$6\times10\times9=540$　答え　540 cm^3

7 ①式　$10\times10\times10=1000$　答え　1000 cm^3
②1000 cm^3

8 ①1　②2

ポイント

★　もののかさのことを**体積**といいます。1辺が1 cmの立方体の体積を1立方センチメートルといい，1 cm^3と書きます。

★　直方体の体積＝たて×横×高さ
　立方体の体積＝1辺×1辺×1辺

★・大きなものの体積を表すには，1辺が1 mの立方体の体積を単位にします。
・この体積を1立方メートルといい，1 m^3と書きます。

★　1辺が10 cmの立方体に入る水の量を1 Lといいます。
1 L＝1000 cm^3

★　1 L＝1000 mLですから，
1 mL＝1 cm^3　になります。

34 完成テスト① P.67-68　体　積

1 13 cm^3

2 ①式　$12\times6\times8=576$　答え　576 cm^3
②式　$5\times5\times5=125$　答え　125 cm^3
③式　$100\times30\times90=270000$
答え　270000 cm^3
④式　$60\times180\times120=1296000$
答え　1296000 cm^3

3 ①式　$7\times2\times5=70$　答え　70 m^3
②式　$4\times4\times4=64$　答え　64 m^3
③式　$2.5\times2\times1=5$　答え　5 m^3
④式　$1.5\times4\times2.5=15$　答え　15 m^3

4 (あ)1　(い)10　(う)1000

35 完成テスト② P.69-70 体積

1 ①式 $3\times4\times2+2\times2\times2=32$
答え $32\,cm^3$
②式 $4\times8\times4+4\times2\times4=160$
答え $160\,cm^3$
③式 $6\times2\times3+2\times3\times3=54$
答え $54\,cm^3$
④式 $4\times4\times3-1\times1\times1=47$
答え $47\,cm^3$
⑤式 $10\times10\times6-3\times3\times6=546$
答え $546\,cm^3$
⑥式 $12\times(3+2+4)\times4-10\times2\times4$
$=352$
答え $352\,cm^3$

2 ①式 $20\times20\times10=4000$
$4000\,cm^3=4\,L$
答え 4L
②式 $20\times30\times15=9000$
$9000\,cm^3=9\,L$
答え 9L
③式 $25\times8\times15=3000$
$3000\,cm^3=3\,L$
答え 3L
④式 $24\times25\times10=6000$
$6000\,cm^3=6\,L$
答え 6L

3 式 $8\times12\times5=480$ 答え $480\,cm^3$

36 基本テスト P.71-72 平均と単位量あたりの大きさ

1 ①平均
②式 $62+58+63=183$ 答え 183g
③式 $183\div3=61$ 答え 61g

2 式 $(9+9+4+0+8)\div5=6$ 答え 6さつ

3 式 $32\times4=128$ 答え 128ページ

4 ①(1組)式 $90\div10=9$ 答え 9本
(2組)式 $68\div8=8.5$ 答え 8.5本
②1組

5 ①人口密度
②式 $75600\div90=840$ 答え 840人
③式 $61600\div70=880$ 答え 880人
④B市

ポイント

★ いくつかの数量を，同じ大きさになるようにならしたものを**平均**といいます。

平均＝合計÷こ数

★ $1\,km^2$ あたりの人口を**人口密度**といいます。

人口密度＝人口÷面積 (km^2)

★ こみぐあいをくらべるには，単位量あたりの大きさを調べます。

37 完成テスト P.73-74 平均と単位量あたりの大きさ

1 式 $(138+142+140+139+146)\div5$
$=141$ 答え 141cm

2 式 $(6\times4+5\times3)\div(4+3)=5.57\cdots$
答え 約5.6台

3 式 $0.6\times720=432$
答え 約430m

4 式 $61\times(5+1)-61.5\times5=58.5$
答え 58.5g

5 ①式 $72\div40=1.8$，$57\div30=1.9$
答え まさとさんの家の畑…1.8kg
はるかさんの家の畑…1.9kg
②はるかさんの家の畑

6 式 A…$392\div40=9.8$，B…$336\div35=9.6$
答え Aの自動車

7 式 A町…$9240\div45=205.33\cdots$
B町…$8685\div42=206.78\cdots$
答え B町

8 式 $8.9\times60=534$ 答え 534g

38 基本テスト P.75-76 速さ

1 ①(あきら)式 $350\div5=70$
答え 70m
(ゆうき)式 $390\div6=65$
答え 65m
②あきらさん

2 ①㋐時速 ㋑分速 ㋒秒速
②時速40km

3 ① 100 ÷ 2 ＝ 50
②時速50km
4 ① 80 × 3 ＝ 240
②240km
5 ① 12 ÷ 3 ＝ 4
②4時間

ポイント
★ 速さは，単位時間に進む道のりで表します。
速さ＝道のり÷時間
・道のり＝速さ×時間
・時間＝道のり÷速さ

39 完成テスト P.77-78 速さ

1 式 3300÷15＝220 答え 分速220m
2 式 120÷1.5＝80 答え 時速80km
3 式 50÷7.4＝6.75… 答え 秒速約6.8m
4 式 4×60＝240 答え 分速240m
5 式 時速1260km＝時速1260000m
1時間＝3600秒，1260000÷3600＝350
答え ジェット機
6 式 72×3＝216 答え 216km
7 式 340×(8÷2)＝1360 答え 1360m
8 式 9÷3＝3 答え 3時間
9 式 秒速4m＝分速240m，1.2km＝1200m
1200÷240＝5
（または，1200÷4＝300，300秒＝5分）
答え 5分

40 基本テスト P.79-80 ともに変わる2つの数量

1 ①○＝ 60 ＋ 80 ×△
②式 60＋80×6＝540 答え 540円
2 ①(左から)7，9，11 ②2本
③○＝ 2 ×△＋1
④式 2×10＋1＝21 答え 21本
3 ①ア…2 イ…3 ウ…4
②2分から4分のとき…2倍
2分から6分のとき…3倍
③比例する ④36L
⑤○＝3×△

ポイント
★ ○の値が2倍，3倍，…になると，それに対応する△の値も2倍，3倍，…になるとき，△は○に**比例**するといいます。

41 完成テスト P.81-82 ともに変わる2つの数量

1 ①△＝○＋3 ②△＝100＋20×○
③△＝○×6
2 ①

正方形の数△(こ)	1	2	3	4	5	6
ぼうの数○(本)	4	7	10	13	16	19

②○＝3×△＋1
〔または，○＝3×(△－1)＋4〕
③61本
3 あ，い
4 ①比例する ②あ80 い120 う140
③○＝20×△ ④300cm ⑤14だん

42 基本テスト P.83-84 割合

1 ①1.5倍 ②1.5 ③割合
2 ①式 6 ÷10＝ 0.6 答え 0.6
②式 15 ÷ 50 ＝ 0.3 答え 0.3
3 ①百分率 ②(○でかこむもの)100
4 ①1% ②10% ③100%
5 ①歩合 ②1厘 ③1分 ④1割 ⑤10割
6 ①式 35 ×0.8＝ 28 答え 28kg
②式 50 × 1.2 ＝ 60 答え 60人
7 式 24 ÷0.6＝ 40 答え 40人

ポイント
★ くらべる量が，もとにする量の何倍にあたるかを表した数を**割合**といいます。
・割合＝くらべる量÷もとにする量
・くらべる量＝もとにする量×割合
・もとにする量＝くらべる量÷割合
★ 割合を表す0.01を1%(パーセント)といい，パーセントで表した割合を**百分率**といいます。
0.01⇨1%，0.1⇨10%，1⇨100%

★ 割合を表す0.1を1割，0.01を1分，0.001を1厘というように表した割合を歩合といいます。

43 完成テスト P.85-86 割合

1 ①9％　②16％　③130％

2 ①0.12　②0.6　③2.5

3 ①2割5分　②8分7厘　③0.32　④0.201

4 式　12÷15＝0.8　答え　0.8

5 式　160×0.6＝96　答え　96人

6 式　16÷40＝0.4　答え　40％

7 式　40.2÷1.2＝33.5　答え　33.5kg

8 式　20÷200＝0.1　答え　10％

9 式　300×0.15＝45，300＋45＝345
〔または，300×(1＋0.15)＝345〕
答え　345円

10 式　2380÷(1－0.15)＝2800
〔または，□×0.85＝2380，□＝2800〕
答え　2800円

44 基本テスト P.87-88 帯グラフと円グラフ

1 ①1％　②40％　③30％　④山林

2 ①1％　②60％　③20％　④乗用車

3 ①(左から)40，45　②33％　③101％
④(童話)の百分率を(44)％にする。
⑤(上から)44，33，100

4 家ちくの頭数の割合

肉牛｜にゅう牛｜ぶた｜その他

0　10　20　30　40　50　60　70　80　90　100％

5 農作物の生産額の割合

ポイント

★ 百分率の合計がちょうど100％にならないときは，計算した百分率のいちばん大きいところで1％ひいたり，たしたりして，ちょうど100％にします。

45 完成テスト P.89-90 帯グラフと円グラフ

1 ①33％　②約$\frac{1}{3}$　③約5倍
④式　15×0.12＝1.8　答え　1.8km²

2 ①(上から)38，32，18，12，100
② 5年生の男子の好きなスポーツの割合

サッカー｜野球｜バスケット｜その他

0　10　20　30　40　50　60　70　80　90　100％

3 ①26％　②約$\frac{1}{4}$　③8倍
④式　280000×0.48＝134400
答え　134400円
⑤式　280000×0.08＝22400
答え　22400円

4 ①(上から)33，26，18，3，20，100
② 店の割合

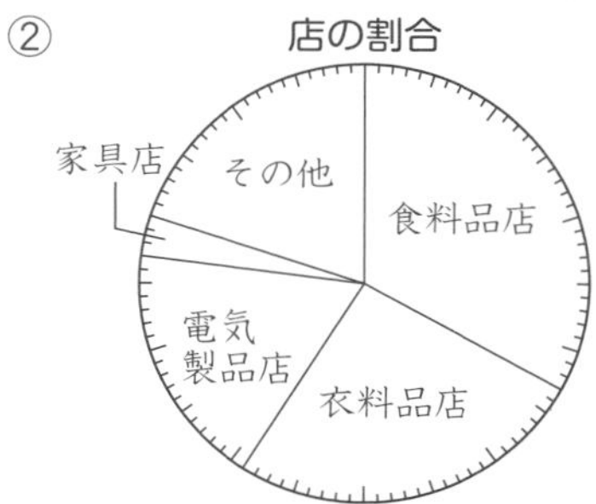

46 完成テスト P.91-92 いろいろな問題

1 式　1.8÷(4－1)＝0.6，0.6×4＝2.4
〔または，0.6＋1.8＝2.4〕
答え　A…2.4m，B…0.6m

2 式　94.5÷(1＋2.5)＝27
27×2.5＝67.5
答え　たける…27kg，お父さん…67.5kg

3 式　(420－180)÷(3－1)＝120，
180－120＝60
〔または，420－120×3＝60〕

答え　ノート…120円，消しゴム…60円

4 式　(90＋110)÷8＝25

答え　秒速25m

5 ①あ4　い(左から)1，4

②式　9×4－4＝32

〔または，(9－1)×4＝32〕

答え　32こ

6 式　10×3－3＝27

〔または，(10－1)×3＝27〕

答え　27こ

7 ①(左から)1，4

②式　(10＋1)×10÷2＝55　答え　55まい

47　P.93-94　仕上げテスト(1)

1 ①34.6　②105　③5.27　④1.402

2 ①238.5　②63.08　③6.336　④8

⑤2.5　⑥0.65

3 ①式　180－(25＋50)＝105　答え　105°

②式　360－(82＋70＋135)＝73

答え　73°

4 ①15%　②1.03

5 ①式　12×7＝84　答え　84 cm^2

②式　11×8÷2＝44　答え　44 cm^2

6 ①正三角形　②120°　③24cm

7 式　15.6×2.5＝39　答え　39 m^2

8 式　18÷1.6＝11あまり0.4

答え　11こできて，0.4L残る。

9 式　24÷(24＋16)＝0.6　答え　60%

48　P.95-96　仕上げテスト(2)

1 ①465　②654

2 ①$\frac{5}{9}$　②$\frac{3}{8}$　③$\frac{4}{9}$

3 ①＞　②＞　③＜

4 ①$1\frac{3}{20}\left(\frac{23}{20}\right)$　②$4\frac{1}{6}\left(\frac{25}{6}\right)$　③$\frac{1}{3}$　④$\frac{13}{15}$

5 式　1.5km＝1500m，1500÷6＝250

答え　分速250m

6 ①12cm　②55°

7 ①式　12×6×5＝360　答え　360 cm^3

②式　8×8×8＝512　答え　512 m^3

8 ①55%　②22%　③約3倍

9 式　$1\frac{3}{4}+1\frac{1}{2}=3\frac{1}{4}$　答え　$3\frac{1}{4}$dL$\left(\frac{13}{4}\text{dL}\right)$

10 式　$1\frac{5}{6}-1\frac{5}{8}=\frac{5}{24}$

答え　駅のほうが$\frac{5}{24}$km遠くにある。

49　P.97-98　仕上げテスト(3)

1 ①10倍　②$\frac{1}{100}$

2 ①最大公約数…4，最小公倍数…24

②最大公約数…15，最小公倍数…45

3 ①＜　②＜　③＝

4 ①式　(7＋12)×8÷2＝76　答え　76 cm^2

②式　9×18÷2＝81　答え　81 cm^2

③式　10×6÷2＋12×5÷2＝60

答え　60 cm^2

5 式　9×5×3＋9×15×3＝540

〔または，
9×15×6－9×(15－5)×3＝540
または，
9×(15－5)×3＋9×5×6＝540
または，
9×(15＋5)×3＝540〕

答え　540 cm^3

6 ①側面　②AB…8cm，AD…25.12cm

7 式　16×25×15＝6000，6000 cm^3＝6L

答え　6L

8

1か月の支出の割合

食費 | 住居費 | 光熱費 | ひ服費 | その他

0　10　20　30　40　50　60　70　80　90　100%

9 式　(61＋59＋63＋58＋64＋61)÷6＝61

答え　61g

10 式　北山町…8370÷36＝232.5

西川町…9150÷40＝228.75

答え　北山町